启航教育 云图 YUN TU

张宇考研数学系列丛书·三

书课包

张宇概率论与数理统计9讲

闭关修炼

○主编 张宇

○副主编 高昆轮

北京理工大学出版社

图书在版编目(CIP)数据

张宇概率论与数理统计9讲 / 张宇主编. — 北京 ：北京理工大学出版社，2022.1(2023.1重印)

ISBN 978-7-5763-0853-2

Ⅰ.①张…　Ⅱ.①张…　Ⅲ.①概率论-研究生-入学考试-自学参考资料　②数理统计-研究生-入学考试-自学参考资料　Ⅳ.①O21

中国版本图书馆CIP数据核字(2022)第018222号

出版发行 / 北京理工大学出版社有限责任公司
社　　址 / 北京市海淀区中关村南大街5号
邮　　编 / 100081
电　　话 / (010)68914775(总编室)
(010)82562903(教材售后服务热线)
(010)68944723(其他图书服务热线)
网　　址 / http://www.bitpress.com.cn
经　　销 / 全国各地新华书店
印　　刷 / 天津市蓟县宏图印务有限公司
开　　本 / 787毫米×1092毫米　1/16
印　　张 / 6
字　　数 / 150千字
版　　次 / 2022年1月第1版　2023年1月第4次印刷
定　　价 / 99.90元

责任编辑 / 多海鹏
文案编辑 / 胡　莹
责任校对 / 刘亚男
责任印制 / 李志强

前 言

《张宇高等数学 18 讲》《张宇线性代数 9 讲》《张宇概率论与数理统计 9 讲》是供参加全国硕士研究生招生考试的考生全程使用的考研数学教材,在考生全面复习《张宇考研数学基础 30 讲》,夯实基础的条件下,本书突出综合性、计算性与新颖性,全面、准确反映考研数学的水平与风格.

本书有如下三大特色.

第一个特色:每一讲开篇列出的知识结构.这不同于一般的章节目录,而是科学、系统、全面地给出本讲知识的内在逻辑体系和考研数学试题命制思路,是我们多年教学和命题经验的结晶.希望读者认真学习、思考、反复研究并熟稔于心.

第二个特色:对知识结构系统性、针对性的讲述.这也是本书的主体——讲授内容与题目.讲授内容的特色在于在讲解知识的同时,指出考什么、怎么考(这在普通教材上几乎是没有的),并在讲授内容后给出精心命制、编写和收录的优秀题目,使得讲授内容和具体实例紧密结合,非常有利于读者快速且深刻掌握所学知识并达到考研要求.

第三个特色:本书所命制、编写和收录题目的较高价值性.这些题目皆为多年参加考研命题和教学的专家们潜心研究、反复酝酿、精心设计的好题、妙题.它们能够在与考研数学试题无缝衔接的同时,精准提高读者的解题水平和应试能力.同时,本书集中回答并切实解决读者在复习过程中的疑点和弱点.

感谢命题专家们给予的支持、帮助与指导,他们中有的老先生已年近九旬;感谢编辑老师们的辛勤工作与无私奉献,他们中有的已成长为可独当一面的专家;感谢一届又一届考生的努力与信任,他们中有的已硕士毕业、博士毕业并成为各自专业领域的佼佼者.

希望读者闭关修炼、潜心研读本书,在考研数学中取得好成绩.

张宇

2023 年 1 月于北京

第1讲 随机事件和概率

知识结构

- 古典概型求概率
  - 随机分配问题
    - ①每盒容纳任意多个质点
    - ②每盒容纳至多一个质点
  - 简单随机抽样问题
    - ①先后有放回
    - ②先后无放回
    - ③任取
- 几何概型求概率 — $P(A)=\dfrac{A\text{的度量(长度、面积)}}{\Omega\text{的度量(长度、面积)}}$
- 重要公式求概率
  - 用对立
    - ① $\overline{A\cup B}=\bar{A}\cap\bar{B},\overline{AB}=\bar{A}\cup\bar{B}$ （长杠变短杠，开口换方向）
    - ② $P(A)=1-P(\bar{A})$
  - 用互斥
    - ① $A\cup B=A\cup\bar{A}B=B\cup A\bar{B}=A\bar{B}\cup AB\cup\bar{A}B$
    - ②若 B_1,B_2,B_3 为完备事件组，则 $A=AB_1\cup AB_2\cup AB_3$
    - ③ $P(A\bar{B})=P(A-B)=P(A)-P(AB)$
    - ④ $P(A+B)=P(A)+P(B)-P(AB)$
    - ⑤ $P(A+B+C)=P(A)+P(B)+P(C)-P(AB)-P(BC)-P(AC)+P(ABC)$
    - ⑥若 $A_1,A_2,\cdots,A_n(n\geqslant 2)$ 两两互斥，则 $P\left(\bigcup\limits_{i=1}^{n}A_i\right)=\sum\limits_{i=1}^{n}P(A_i)$
  - 用独立
    - ① $P(A_1A_2\cdots A_n)=P(A_1)P(A_2)\cdots P(A_n)$
    - ② $P\left(\bigcup\limits_{i=1}^{n}A_i\right)=1-\prod\limits_{i=1}^{n}[1-P(A_i)]$
  - 用条件
    - ① $P(A|B)=\dfrac{P(AB)}{P(B)}$
    - ② $P(B)=\sum\limits_{i=1}^{n}P(A_i)P(B|A_i)$
    - ③ $P(A_j|B)=\dfrac{P(A_jB)}{P(B)}=\dfrac{P(A_j)P(B|A_j)}{\sum\limits_{i=1}^{n}P(A_i)P(B|A_i)}$
  - 用不等式或包含
    - ① $0\leqslant P(A)\leqslant 1$
    - ②若 $A\subseteq B$，则 $P(A)\leqslant P(B)$
    - ③由于 $AB\subseteq A\subseteq A+B$，故 $P(AB)\leqslant P(A)\leqslant P(A+B)$
  - 用最值
    - ① $\{\max\{X,Y\}\leqslant a\}=\{X\leqslant a\}\cap\{Y\leqslant a\}$
    - ② $\{\max\{X,Y\}>a\}=\{X>a\}\cup\{Y>a\}$
    - ③ $\{\min\{X,Y\}\leqslant a\}=\{X\leqslant a\}\cup\{Y\leqslant a\}$
    - ④ $\{\min\{X,Y\}>a\}=\{X>a\}\cap\{Y>a\}$
    - ⑤ $\{\max\{X,Y\}\leqslant a\}\subseteq\{\min\{X,Y\}\leqslant a\}$
    - ⑥ $\{\min\{X,Y\}>a\}\subseteq\{\max\{X,Y\}>a\}$

- 事件独立性的判定
  - 定义——若 $P(AB)=P(A)P(B)$，则事件 A 与 B 相互独立
  - 判定
    - ① A 与 B 相互独立 $\Leftrightarrow$ A 与 $\bar{B}$ 相互独立 $\Leftrightarrow$ $\bar{A}$ 与 B 相互独立 $\Leftrightarrow$ $\bar{A}$ 与 $\bar{B}$ 相互独立
    - ②对独立事件组不含相同事件作运算，得到的新事件组仍独立
    - ③若 $P(A)>0$，则 A 与 B 相互独立 $\Leftrightarrow P(B\mid A)=P(B)$
    - ④若 $0<P(A)<1$，则 A 与 B 相互独立 $\Leftrightarrow P(B\mid \bar{A})=P(B\mid A)$ $\Leftrightarrow P(B\mid A)+P(\bar{B}\mid \bar{A})=1$
    - ⑤若 $P(A)=0$ 或 $P(A)=1$，则 A 与任意事件 B 相互独立
    - ⑥若 $0<P(A)<1$，$0<P(B)<1$，且 A 与 B 互斥或存在包含关系，则 A 与 B 一定不独立

一 古典概型求概率

称随机试验 E 的每一个可能结果为**样本点**，记为 ω．样本点的全体结果组成的集合称为**样本空间**，记为 Ω，即 $\Omega=\{\omega\}$．

若 Ω 中有有限个、等可能的样本点，称为**古典概型**，设 A 为 Ω 的一个子集，则

$$P(A)=\frac{A\text{中样本点个数}}{\Omega\text{中样本点个数}}.$$

1. 随机分配问题

随机分配也叫**随机占位**，突出一个“放”字，即将 n 个可辨质点随机地分配到 N 个盒子中，区分每盒可以容纳任意多个质点和最多可以容纳一个质点，不同分法的总数列表如表 1-1 所示．

表 1-1　将 n 个质点随机分配到 N 个盒子中

分配方式	不同分法的总数
每盒容纳任意多个质点	N^n ①
每盒容纳至多一个质点	$\mathrm{P}_N^n=N(N-1)\cdot\cdots\cdot(N-n+1)$ ②

①每个质点均可放到 N 个盒子中的任何一个，即有 N 种放法，于是 n 个可辨质点放到 N 个盒子中共有 N^n 种不同放法．

②质点可辨，且一个盒子至多容纳一个质点，故 n 个质点放到 $N(N\geqslant n)$ 个盒子中的所有不同放法即从 N 个元素中选取 n 个元素的排列数 P_N^n．

例 1.1　将 n 个球随机放入 $N(n\leqslant N)$ 个盒子中，每个盒子可以放任意多个球．求下列事件的概率：A=｛某指定 n 个盒子各有一球｝；B=｛恰有 n 个盒子各有一球｝；C=｛指定 $k(k\leqslant n)$ 个盒子各有一球｝.

【解】这是随机占位的问题，设 n 个球，N 个盒子是可分辨的（例如编号），由于每个盒子可以放任意多个球，因此每个球都有 N 种不同的放置方法．将 n 个球随机放入 N 个盒子的一种放法作为基本事件，则基本事件总数为 N^n．事件 A 所含的基本事件是 n 个不同球的一种排列，故

$$n_A=n!,\quad P(A)=\frac{1\cdot n!}{N^n}.$$

→“某指定 n 个”，只有此一种情况

事件 B 中的基本事件可以设想为先从 N 个盒子中选出 n 个（共有 C_N^n 种不同方法），而后把 n 个球随机放入这 n 个盒子中，每盒一球（共有 $n!$ 种不同放法），因此 B 中基本事件数

$$n_B=\mathrm{C}_N^n\cdot n!,\quad P(B)=\frac{\mathrm{C}_N^n\cdot n!}{N^n}.$$

→“恰有 n 个”，有 C_N^n 种情形

事件 C 的基本事件可以设想为先从 n 个球中选出 k 个球（有 C_n^k 种不同选法），再将这 k 个球随机放入指定的 k 个盒子中，每盒一球（有 $k!$ 种不同放法），最后将余下的 $n-k$ 个球随机放入其余的 $N-k$ 个盒子中，每个球都有 $N-k$ 种放置方法，因此共有 $(N-k)^{n-k}$ 种不同放法，故

$$n_C = C_n^k \cdot k!(N-k)^{n-k}\ ,\ P(C)=\frac{C_n^k k!(N-k)^{n-k}}{N^n}=\frac{n!(N-k)^{n-k}}{(n-k)!N^n}\ .$$

【注】许多问题的结构形式与分球入盒问题相同，都属于随机占位问题．例如生日问题（n 个人生日，相当于 n 个球随机放入 365 个盒子中，每盒可以放多个球）；住房分配问题（n 个人被分配到 N 个房间中去，每个房间可住多个人）；乘客下车问题（n 个乘客在 N 个车站下车的各种可能情况）等等．对这些问题的求解都可以用"将 n 个球等可能地投放到 N 个盒子中"的思路来考虑．
比如 12 个人 ω_1，…，ω_{12} 回母校参加校庆，每个人在 365 天哪一天出生等可能．则

A_1 ={生日分别为每个月的第一天}；

B_1 ={生日全不相同}；$\bar{B}_1$ ={至少有两人生日相同}；

C_1 ={有且仅有三个人的生日分别在劳动节、儿童节、中秋节}.

A_1，B_1，C_1 就对应着题中的 A，B，C，只不过此时 $N=365$，$n=12$，$k=3$．

2. 简单随机抽样问题

设 $\Omega=\{\omega_1,\omega_2,\cdots,\omega_N\}$ 含 N 个元素，称 Ω 为**总体**．如果各元素被抽到的可能性相同，则总体 Ω 的抽样称作**简单随机抽样**，突出一个"取"字．

简单随机抽样分为先后有放回、先后无放回及任取这三种不同的方式．在每种抽样方式下各种不同抽取方法（基本事件）的总数列表如表 1-2 所示．

表 1–2　自含 N 个元素的总体 Ω 中 n 次简单随机抽样

抽样方式	抽取法总数
先后有放回取 n 次	N^n ①
先后无放回取 n 次	$P_N^n = N(N-1)\cdot\cdots\cdot(N-n+1)$ ②
任取 n 个	C_N^n ③

①既考虑抽到何元素，又考虑各元素出现的顺序，每次从 Ω 中随意抽取一个元素，并在抽取下一元素前将其放回 Ω，于是每次都有 N 个元素可被抽取，即有 N 种抽取方法，抽取 n 次，即 N^n．

②既考虑抽到何元素，又考虑各元素出现的顺序，凡是抽出的元素均不再放回 Ω，于是每次抽取时都比上一次少了一个元素，抽 $n(n\leqslant N)$ 次，即

$$P_N^n = N(N-1)\cdot\cdots\cdot(N-n+1)\ .$$

③任取 $n(n\leqslant N)$ 个是指一次性取 n 个元素，相当于将 n 个元素无序且无放回地取走，其抽取法总数为

$$C_N^n=\frac{P_N^n}{n!}\ .$$

例 1.2　袋中有 5 个球，3 个白球，2 个黑球．

（1）先后有放回取 2 个球；

（2）先后无放回取 2 个球；

（3）任取 2 个球．

求取的 2 个球中至少 1 个是白球的概率.

【解】用对立事件思想，计算“两球全黑”的种数，再用总数减去它.

（1）$5^2-2^2=21$(种).

（2）$5\cdot4-2\cdot1=18$(种).

（3）$C_5^2-C_2^2=9$(种).

下面计算概率.

（1）$\dfrac{5^2-2^2}{5^2}=\dfrac{21}{25}$.

（2）$\dfrac{5\cdot4-2\cdot1}{5\cdot4}=\dfrac{9}{10}$.

（3）$\dfrac{C_5^2-C_2^2}{C_5^2}=\dfrac{9}{10}$.

【注】本题中的（2）与（3）概率相同，如何理解?

$\dfrac{2\cdot1}{5\cdot4}=\dfrac{C_2^2\cdot P_2^2}{C_5^2\cdot P_2^2}=\dfrac{C_2^2}{C_5^2}$，左边上下有序，右边上下无序，相当于把顺序“消掉”了，故“先后无放回取 k 个球”与“任取 k 个球”的概率相同.由于（3）较方便，因此计算（2）时，可按（3）来计算.

例 1.3　袋中有 100 个球，40 个白球，60 个黑球.

（1）先后有放回取 20 个球，求取出 15 个白球，5 个黑球的概率;

（2）先后无放回取 20 个球，求取出 15 个白球，5 个黑球的概率;

（3）先后有放回取 20 个球，求第 20 次取到白球的概率;

（4）先后无放回取 20 个球，求第 20 次取到白球的概率.

【解】（1）$p_1=\dfrac{40^{15}\cdot60^5\cdot C_{20}^{15}}{100^{20}}$.

（2）按照“任取 20 个球”来计算，即 $p_2=\dfrac{C_{40}^{15}C_{60}^5}{C_{100}^{20}}$.

（3）$p_3=\dfrac{40}{100}=\dfrac{2}{5}$（有放回取球，每次抽取的样本空间没有变化，故每次取到白球的概率始终为 $\dfrac{2}{5}$）.

（4）看作随机占位问题.设有 100 个盒子，每个盒子中放 1 个球，则要求第 20 个盒子中放入白球即可.故 $p_4=\dfrac{C_{40}^1\cdot99!}{100!}=\dfrac{40}{100}=\dfrac{2}{5}$.

【注】$p_4=p_3$.例 1.3（4）是抓阄模型，即使无放回，每次取到白球的概率也不会变，可理解成依概率摸球.类比的例子:

①设有 100 个灰球，白的成分：黑的成分 =40 ：60，每次取到球中白的成分是 40%;

②设有盐水，盐的成分：水的成分 =40 ：60，每次取一勺盐水取到盐的成分是 40%.

若 Ω 是一个可度量的几何区域，且样本点落入 Ω 中的某一可度量子区域 A 的可能性大小与 A 的几何度量成正比，而与 A 的位置与形状无关，称为**几何概型**.

$$P(A)=\frac{A\text{的度量(长度、面积)}}{\Omega\text{的度量(长度、面积)}}.$$

例 1.4　在区间 $[0,1]$ 内随机取两个数，其积大于 $\frac{1}{4}$，其和小于 $\frac{5}{4}$ 的概率为________.

【解】应填 $\frac{15}{32}-\frac{1}{2}\ln 2$.

从 $[0,1]$ 中随机地取两个数 x 与 y，$\Omega=\{(x,y)\mid 0\leqslant x,y\leqslant 1\}$，$A=\left\{(x,y)\middle|x+y<\frac{5}{4},xy>\frac{1}{4}\right\}$ 对应图 1-1 中的阴影部分.

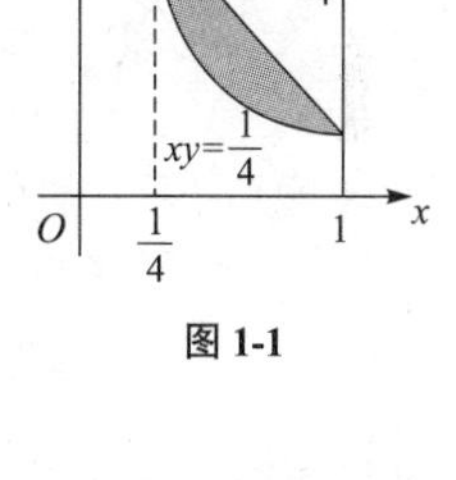

图 1-1

所以
$$P(A)=\frac{S_A}{S_\Omega}=\frac{\int_{\frac{1}{4}}^{1}\left(\frac{5}{4}-x-\frac{1}{4x}\right)\mathrm{d}x}{1}$$
$$=\left(\frac{5}{4}x-\frac{1}{2}x^2-\frac{1}{4}\ln x\right)\Big|_{\frac{1}{4}}^{1}$$
$$=\frac{15}{32}-\frac{1}{2}\ln 2.$$

1. 用对立

① $\overline{A\cup B}=\overline{A}\cap\overline{B},\overline{AB}=\overline{A}\cup\overline{B}$.（长杠变短杠，开口换方向）

② $P(A)=1-P(\overline{A})$.

2. 用互斥

① $A\cup B=A\cup\overline{A}B=B\cup A\overline{B}=A\overline{B}\cup AB\cup\overline{A}B$.

②若 B_1,B_2,B_3 为完备事件组，则 $A=AB_1\cup AB_2\cup AB_3$.

③ $P(A\overline{B})=P(A-B)=P(A)-P(AB)$.

④ a. $P(A+B)=P(A)+P(B)-P(AB)$.

b. $P(A+B+C)=P(A)+P(B)+P(C)-P(AB)-P(BC)-P(AC)+P(ABC)$.

c. 若 $A_1,A_2,\cdots,A_n(n\geqslant 2)$ 两两互斥，则

$$P\left(\bigcup_{i=1}^{n}A_i\right)=\sum_{i=1}^{n}P(A_i).$$

3. 用独立

①若 A_1, A_2,⋯, A_n 相互独立，则

$$P(A_1A_2\cdots A_n)=P(A_1)P(A_2)\cdots P(A_n) .$$

②若 A_1, A_2,⋯, $A_n(n>3)$ 相互独立，则

$$\begin{aligned}P\left(\bigcup_{i=1}^{n}A_i\right)&=1-P\left(\overline{\bigcup_{i=1}^{n}A_i}\right)\\&=1-P\left(\bigcap_{i=1}^{n}\overline{A_i}\right)\\&=1-\prod_{i=1}^{n}P(\overline{A_i})\\&=1-\prod_{i=1}^{n}[1-P(A_i)] .\end{aligned}$$

4. 用条件

① $P(A|B)=\dfrac{P(AB)}{P(B)}(P(B)>0)$.

② $P(AB)=P(B)P(A|B)(P(B)>0)$

$=P(A)P(B|A)(P(A)>0)$

$=P(A)+P(B)-P(A+B)$（由“2. ④”）

$=P(A)-P(A\overline{B})$（由“2. ③”）.

> 【注】当 $P(A_1A_2)>0$ 时，$P(A_1A_2A_3)=P(A_1)P(A_2|A_1)P(A_3|A_1A_2)$.

③ A_1, A_2,⋯, A_n 为完备事件组，$P(A_i)>0(i=1,2,\cdots,n)$，则

$$P(B)=\sum_{i=1}^{n}P(A_i)P(B|A_i) .$$

> 【注】③称为**全概率公式**. 全概率公式用于计算某个结果 B 发生的可能性大小. 如果一个结果 B 的发生总是与某些前提条件（或原因、因素、前一阶段结果）A_i 相联系，那么计算 $P(B)$ 时，我们总是用 A_i 对 B 做分解：
>
> $$B=\Omega B=\bigcup_{i=1}^{n}A_iB ,$$
>
> 故
>
> $$\begin{aligned}P(B)&=P\left(\bigcup_{i=1}^{n}A_iB\right)\\&=P(A_1B)+P(A_2B)+\cdots+P(A_nB)\\&=P(A_1)P(B|A_1)+P(A_2)P(B|A_2)+\cdots+P(A_n)P(B|A_n)\\&=\sum_{i=1}^{n}P(A_i)P(B|A_i) .\end{aligned}$$

④承接“③”，若已知 B 发生了，执果索因，有

$$P(A_j|B)=\frac{P(A_jB)}{P(B)}=\frac{P(A_j)P(B|A_j)}{\sum_{i=1}^{n}P(A_i)P(B|A_i)},j=1,2,\cdots,n .$$

【注】④称为**贝叶斯公式**.

5. 用不等式或包含

①$0\leqslant P(A)\leqslant 1$.

②若 $A\subseteq B$，则 $P(A)\leqslant P(B)$.

③由于 $AB\subseteq A\subseteq A+B$，故 $P(AB)\leqslant P(A)\leqslant P(A+B)$.

6. 用最值

当遇到与 $\max\{X,Y\}$，$\min\{X,Y\}$ 有关的事件时，下面一些关系式是经常要用到的：

① $\{\max\{X,Y\}\leqslant a\}=\{X\leqslant a\}\cap\{Y\leqslant a\}$；

② $\{\max\{X,Y\}>a\}=\{X>a\}\cup\{Y>a\}$；

③ $\{\min\{X,Y\}\leqslant a\}=\{X\leqslant a\}\cup\{Y\leqslant a\}$；

④ $\{\min\{X,Y\}>a\}=\{X>a\}\cap\{Y>a\}$；

⑤ $\{\max\{X,Y\}\leqslant a\}\subseteq\{\min\{X,Y\}\leqslant a\}$；

⑥ $\{\min\{X,Y\}>a\}\subseteq\{\max\{X,Y\}>a\}$.

例 1.5　设 A，B 为两个随机事件，且 $P(A)=0.4$，$P(\bar{A}\cup B)=0.8$，则 $P(\bar{B}|A)=$________.

【解】应填 0.5.

由“三的 1 及 4”，有 $P(\bar{A}\cup B)=1-P(\overline{\bar{A}\cup B})=1-P(A\bar{B})=0.8$，得 $P(A\bar{B})=0.2$，于是

$$P(\bar{B}|A)=\frac{P(A\bar{B})}{P(A)}=0.5 .$$

例 1.6　设 A，B 为随机事件，且 $0<P(B)<1$. 下列命题中为**假命题**的是（　　）.

（A）若 $P(A|B)>P(A)$，则 $P(\bar{A}|\bar{B})>P(\bar{A})$

（B）若 $P(A|B)=P(A)$，则 $P(A|\bar{B})=P(A)$

（C）若 $P(A|B)>P(A|\bar{B})$，则 $P(A|B)>P(A)$

（D）若 $P(A|A\cup B)>P(\bar{A}|A\cup B)$，则 $P(A)>P(B)$

【解】应选（D）.

选项（A），$P(A|B)=\dfrac{P(AB)}{P(B)}>P(A)\Rightarrow P(AB)>P(A)P(B)$，所以

$$\begin{aligned}P(\bar{A}|\bar{B})&=\frac{P(\bar{A}\bar{B})}{P(\bar{B})}=\frac{1-P(A)-P(B)+P(AB)}{1-P(B)}\\&>\frac{1-P(A)-P(B)+P(A)P(B)}{1-P(B)}\\&=\frac{1-P(B)-P(A)[1-P(B)]}{1-P(B)}=1-P(A)=P(\bar{A}),\end{aligned}$$

故选项（A）正确.

选项（B），由条件知，A，B 相互独立，故选项（B）显然正确.

选项（C），由条件概率公式得 $P(AB)>P(A)P(B)$，因此 $P(A|B)=\dfrac{P(AB)}{P(B)}>P(A)$，故选项（C）正确.

选项（D），$P(A|A\cup B)=\dfrac{P(A(A\cup B))}{P(A\cup B)}=\dfrac{P(A)}{P(A\cup B)}=\dfrac{P(A)}{P(A)+P(B)-P(AB)}$，

$$P(\overline{A}|A\cup B)=\frac{P(\overline{A}(A\cup B))}{P(A\cup B)}=\frac{P(\overline{A}B)}{P(A\cup B)}=\frac{P(B)-P(AB)}{P(A)+P(B)-P(AB)},$$

则有 $P(A)>P(B)-P(AB)$，不能说明 $P(A)>P(B)$ 一定成立，故选项（D）不正确. 故选（D）.

例 1.7 设 X，Y 为随机变量，且 $P\{X\geqslant 0,Y\geqslant 0\}=\dfrac{3}{7}$，$P\{X\geqslant 0\}=P\{Y\geqslant 0\}=\dfrac{4}{7}$，求下列事件的概率：（1）$A=\{\max\{X,Y\}\geqslant 0\}$；（2）$B=\{\max\{X,Y\}\geqslant 0,\min\{X,Y\}<0\}$.

【解】（1）由于 $A=\{\max\{X,Y\}\geqslant 0\}=\{X,Y$ 至少有一个大于等于 $0\}=\{X\geqslant 0\}\cup\{Y\geqslant 0\}$，故

$$P(A)=P\{X\geqslant 0\}+P\{Y\geqslant 0\}-P\{X\geqslant 0,Y\geqslant 0\}=\frac{4}{7}+\frac{4}{7}-\frac{3}{7}=\frac{5}{7}.$$

（2）用全集分解，有

$$\begin{aligned}A&=\{\max\{X,Y\}\geqslant 0\}\\&=\{\max\{X,Y\}\geqslant 0,\Omega\}\\&=\{\max\{X,Y\}\geqslant 0\}\cap(\{\min\{X,Y\}<0\}\cup\{\min\{X,Y\}\geqslant 0\})\\&=\{\max\{X,Y\}\geqslant 0,\min\{X,Y\}<0\}\cup\{\max\{X,Y\}\geqslant 0,\min\{X,Y\}\geqslant 0\}\\&=B\cup\{\min\{X,Y\}\geqslant 0\}\\&=B\cup\{X\geqslant 0,Y\geqslant 0\},\end{aligned}$$

故
$$P(B)=P(A)-P\{X\geqslant 0,Y\geqslant 0\}=\frac{5}{7}-\frac{3}{7}=\frac{2}{7}.$$

例 1.8 设有10份报名表，其中有3份女生表，7份男生表. 现从中每次任取1份，取后不放回. 求下列事件的概率.

（1）第3次取到女生表；

（2）第3次才取到女生表；

（3）已知前两次没取到女生表，第3次取到女生表.

【解】设 $A_i=\{$第 i 次取到女生表$\}$，$i=1$，2，3.

（1）绝对概率——只关注第3次——抓阄模型.

$$P(A_3)=\frac{3}{10}.$$

（2）积事件概率（乘法公式）——关注第1，2，3次，第1，2次都没发生，都有概率问题.

第1，2次取到男生表，第3次取到女生表.

$$P(\overline{A}_1\overline{A}_2A_3)=P(\overline{A}_1)P(\overline{A}_2|\overline{A}_1)P(A_3|\overline{A}_1\overline{A}_2)=\frac{7}{10}\times\frac{6}{9}\times\frac{3}{8}=\frac{7}{40}.$$

（3）条件概率——关注第1，2，3次，第1，2次已发生.

$$P(A_3|\overline{A}_1\overline{A}_2)=\frac{3}{8}.$$

【注】$\frac{3}{8}=\frac{15}{40}>\frac{7}{40}$，显然（3）的概率比（2）大.

例 1.9　从数 1，2，3，4 中任取一个数，记为 X，再从 1，…，X 中任取一个数，记为 Y，则 $P\{Y=2\}=$________.

【解】应填 $\frac{13}{48}$.

$$\begin{aligned}P\{Y=2\}&=P\{X=1\}P\{Y=2\mid X=1\}+P\{X=2\}P\{Y=2\mid X=2\}+\\&\quad P\{X=3\}P\{Y=2\mid X=3\}+P\{X=4\}P\{Y=2\mid X=4\}\\&=\frac{1}{4}\times 0+\frac{1}{4}\times\frac{1}{2}+\frac{1}{4}\times\frac{1}{3}+\frac{1}{4}\times\frac{1}{4}=\frac{13}{48}.\end{aligned}$$

例 1.10　设有甲、乙两名射击运动员，甲命中目标的概率是 0.6，乙命中目标的概率是 0.5. 求下列事件的概率.

（1）从甲、乙中任选一人去射击，若目标命中，则是甲命中的概率；

（2）甲、乙两人各自独立射击，若目标命中，则是甲命中的概率.

【解】(1) 该随机试验分为两个阶段：①选人，$A_{甲}=\{选甲\}$，$A_{乙}=\{选乙\}$；②射击，$B=\{目标被命中\}$.

则
$$P(A_{甲}\mid B)=\frac{P(A_{甲}B)}{P(B)}=\frac{P(B\mid A_{甲})P(A_{甲})}{P(B|A_{甲})P(A_{甲})+P(B|A_{乙})P(A_{乙})}$$
$$=\frac{0.6\times 0.5}{0.6\times 0.5+0.5\times 0.5}=\frac{6}{11}.$$

事件来自不同阶段，用贝叶斯公式

（2）该随机试验不分阶段.

$A_{甲}=\{甲命中\}$，$A_{乙}=\{乙命中\}$，$B=\{目标被命中\}$.

则
$$P(A_{甲}\mid B)=\frac{P(A_{甲}B)}{P(B)}=\frac{P(A_{甲})}{P(A_{甲}+A_{乙})}=\frac{P(A_{甲})}{P(A_{甲})+P(A_{乙})-P(A_{甲})P(A_{乙})}$$
$$=\frac{0.6}{0.6+0.5-0.6\times 0.5}=\frac{3}{4}.$$

事件来自相同阶段，用条件概率公式

四　事件独立性的判定

1. 定义

设 A，B 为两个事件，如果 $P(AB)=P(A)P(B)$，则称事件 A 与 B **相互独立**，简称 A 与 B **独立**.

【注】(1) 设 $A_1, A_2, \cdots, A_n$ 为 $n(n\geqslant 2)$ 个事件，如果对其中任意有限个事件 $A_{i_1}, A_{i_2}, \cdots, A_{i_k}(2\leqslant k\leqslant n)$，有
$$P(A_{i_1}A_{i_2}\cdots A_{i_k})=P(A_{i_1})P(A_{i_2})\cdots P(A_{i_k}),$$
则称 n 个事件 $A_1, A_2, \cdots, A_n$ 相互独立.

（2）考研中常考的是 $n=3$ 时的情形. 细致说来，设 A_1, A_2, A_3 为三个事件，若同时满足

$$P(A_1A_2)=P(A_1)P(A_2), \quad ①$$
$$P(A_1A_3)=P(A_1)P(A_3), \quad ②$$

$$P(A_2A_3)=P(A_2)P(A_3),\tag{③}$$
$$P(A_1A_2A_3)=P(A_1)P(A_2)P(A_3),\tag{④}$$

则称事件 A_1, A_2, A_3 **相互独立**. 当去掉上述④式后，称只满足①,②,③式的事件 A_1, A_2, A_3 **两两独立**.

2. 判定

① A 与 B 相互独立 $\overset{(*)}{\Longleftrightarrow}$ A 与 $\overline{B}$ 相互独立 $\Leftrightarrow$ $\overline{A}$ 与 B 相互独立 $\Leftrightarrow$ $\overline{A}$ 与 $\overline{B}$ 相互独立.

【注】(1) 仅证 (*)，由 A, B 独立，有 $P(AB)=P(A)P(B)$，于是

$$P(A\overline{B})=P(A)-P(AB)=P(A)-P(A)P(B)$$
$$=P(A)[1-P(B)]=P(A)P(\overline{B}),$$

故 A，$\overline{B}$ 独立，其余证明同理.
(2) 将相互独立的事件组中的任何几个事件换成各自的对立事件，所得的新事件组仍相互独立.

②对独立事件组不含相同事件作运算，得到的新事件组仍独立，如 A，B，C，D 相互独立，则 AB 与 CD 相互独立，A 与 $BC-D$ 相互独立.

【注】直接使用，无须证明.

③若 $P(A)>0$，则 A 与 B 相互独立 $\Leftrightarrow P(B\mid A)=P(B)$.

【注】**证** ($\Rightarrow$) 由 A 与 B 相互独立，有 $P(AB)=P(A)P(B)$，于是 $P(B\mid A)=\dfrac{P(AB)}{P(A)}=P(B)$.
($\Leftarrow$) 由 $P(B\mid A)=P(B)$，知 $P(AB)=P(B\mid A)P(A)=P(A)P(B)$，则 A 与 B 相互独立.

④若 $0<P(A)<1$，则 A 与 B 相互独立 $\overset{(*)}{\Longleftrightarrow} P(B\mid\overline{A})=P(B\mid A)$

$$\overset{(**)}{\Longleftrightarrow} P(B\mid A)+P(\overline{B}\mid\overline{A})=1.$$

【注】**证** 由 $P(B\mid\overline{A})=P(B\mid A)$，有 $\dfrac{P(B\overline{A})}{P(\overline{A})}=\dfrac{P(B)-P(AB)}{1-P(A)}=\dfrac{P(AB)}{P(A)}$，即

$$P(A)P(B)-P(A)P(AB)=P(AB)-P(A)P(AB),$$

也即 $P(A)P(B)=P(AB)$. 上述过程可逆，故 (*) 成立. 又 $P(B\mid\overline{A})=1-P(\overline{B}\mid\overline{A})$，故 (**) 成立.

⑤若 $P(A)=0$ 或 $P(A)=1$，则 A 与任意事件 B 相互独立. ⟶ 不可能事件或必然事件和任意事件独立.

【注】**证** 若 $P(A)=0$，由“三、5的③”，有 $P(AB)\leqslant P(A)$，故 $0\leqslant P(AB)\leqslant P(A)=0$，则 $P(AB)=0$，于是 $P(A)P(B)=P(AB)$；

若 $P(A)=1$，则 $P(\bar{A})=1-P(A)=0$，又由"三、5 的③"，有 $0\leqslant P(B\bar{A})\leqslant P(\bar{A})=0$，知 $P(B\bar{A})=0$，又 $P(B\bar{A})=P(B)-P(AB)$，故 $P(B)=P(AB)$，即 $P(A)P(B)=P(AB)$.

⑥若 $0<P(A)<1$，$0<P(B)<1$，且 A 与 B 互斥或存在包含关系，则 A 与 B 一定不独立 .

【注】**证** 若 $AB=\varnothing$，则 $P(AB)=0\neq P(A)P(B)$，故 A，B 不独立 .
若 $A\subseteq B$，则 $AB=A$，从而 $P(AB)=P(A)\neq P(A)P(B)$，故 A，B 不独立 .

例 1.11 设随机事件 A 与 B 相互独立，$0<P(A)<1$，$P(C)=1$，则下列事件中不相互独立的是（ ）.

（A）A，B，$A\cup C$ （B）A，B，$A-C$ （C）A，B，AC （D）A，B，$\bar{A}\bar{C}$

【解】应选（C）.

由 $P(C)=1$，有 $P(\bar{C})=1-P(C)=0$，且 $P(A\cup C)\geqslant P(C)=1$，故 $P(A\cup C)=1$.

$P(A-C)=P(A\bar{C})\leqslant P(\bar{C})=0$，故 $P(A-C)=0$.

$P(AC)=P(A)-P(A\bar{C})=P(A)$，由题设，$0<P(AC)<1$.

$P(\bar{A}\bar{C})\leqslant P(\bar{C})=0$，故 $P(\bar{A}\bar{C})=0$.

又根据"概率为 0 或 1 的事件与任何事件相互独立"，所以 (A)，(B)，(D) 中的事件相互独立，如 $P(AB(A\cup C))=P(AB)P(A\cup C)=P(A)P(B)P(A\cup C)$，而

$$P(AAC)=P(AC)=P(A)\neq P(A)P(AC),$$

所以（C）中的事件 A，B，AC 不相互独立，故选（C）.

例 1.12 对于下列命题：

①若事件 A，B 相互独立，且 B，C 相互独立，则 A，C 相互独立；

②若事件 A，B 相互独立，且 $C\subset A$，$D\subset B$，则 C，D 相互独立 .

说法正确的是（ ）.

（A）①正确，②不正确 （B）②正确，①不正确

（C）①②都正确 （D）①②都不正确

【解】应选（D）.

①不正确 . 例如，袋中有 2 个球，1 个白球，1 个黑球，先后有放回地取两次 .

记 A={ 第一次取到白球 }，B={ 两次取到不同颜色的球 }，C={ 第一次取到黑球 }，则样本空间为 { 白，白 }，{ 白，黑 }，{ 黑，白 }，{ 黑，黑 }. 故 $P(A)=\frac{1}{2}$，$P(B)=\frac{1}{2}$，$P(C)=\frac{1}{2}$，

$$P(AB)=\frac{1}{4},\ P(AC)=0,\ P(BC)=\frac{1}{4},$$

$$P(A)P(B)=P(AB),\ P(B)P(C)=P(BC),$$

但 $P(A)P(C)\neq P(AC)$，故 A，C 不独立 .

②不正确 . 承接①，题设不变，A，B 不变，令 C={ 第一次取到白球，第二次取到黑球 }，D={ 第一次取到黑球，第二次取到白球 }，则 $C\subset A$，$D\subset B$，且 $P(C)=\frac{1}{4}$，$P(D)=\frac{1}{4}$，$P(CD)=0$，$P(C)P(D)\neq P(CD)$，故 C，D 不独立 .

第2讲 一维随机变量及其分布

知识结构

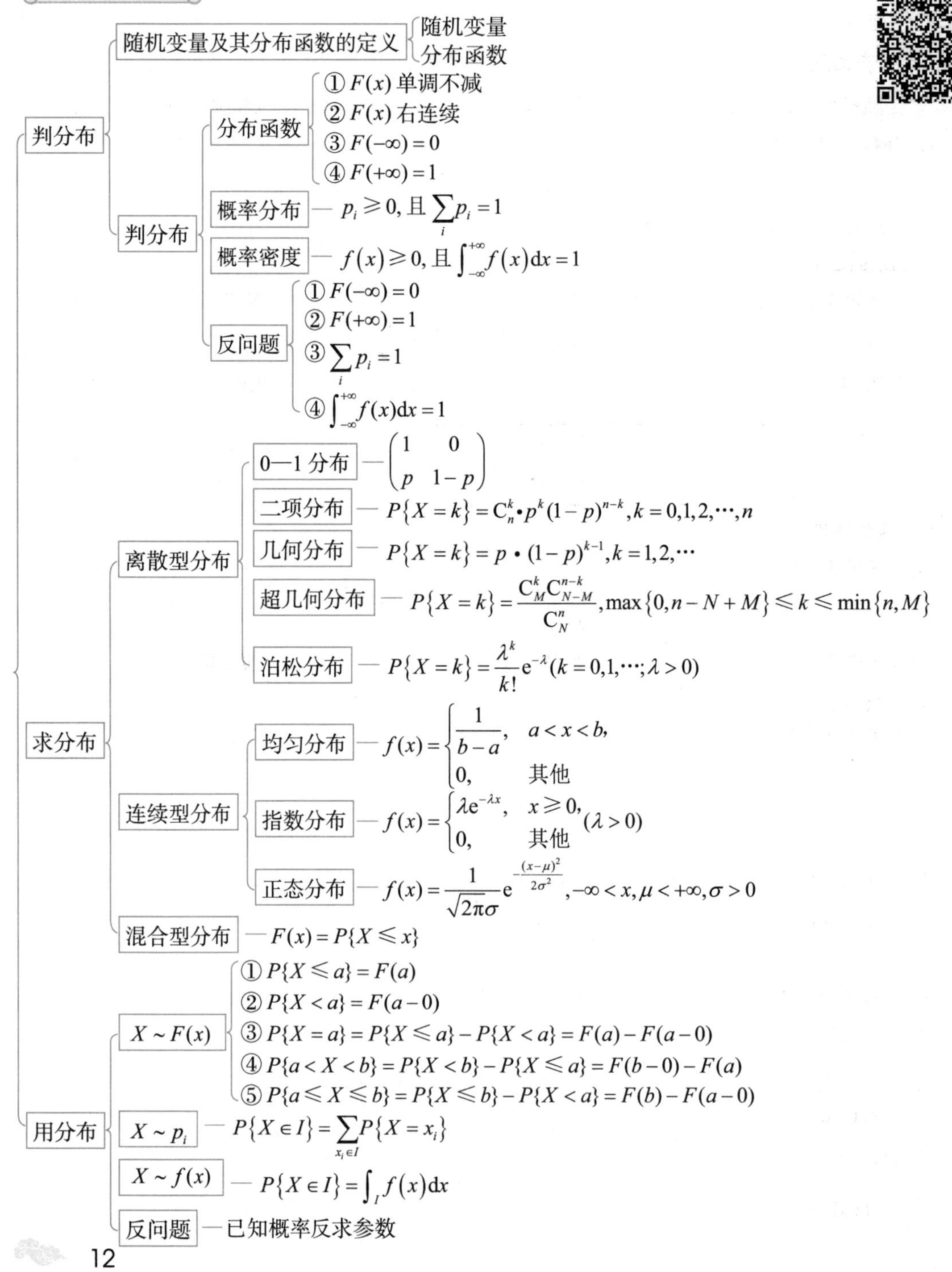

1. 随机变量及其分布函数的定义

（1）随机变量．

设随机试验 E 的样本空间为 $\Omega=\{\omega\}$，如果对每一个 $\omega\in\Omega$，都有唯一的实数 $X(\omega)$ 与之对应，并且对任意实数 x，$\{\omega\mid X(\omega)\leqslant x,\omega\in\Omega\}$ 是随机事件，则称定义在 Ω 上的实值单值函数 $X(\omega)$ 为**随机变量**，简记为随机变量 X.

（2）分布函数．

设 X 是随机变量，x 是任意实数，称函数 $F(x)=P\{X\leqslant x\}(x\in\mathbf{R})$ 为随机变量 X 的分布函数，或称 X 服从 $F(x)$ 分布，记为 $X\sim F(x)$．

【注】常见的两类随机变量．

（1）离散型随机变量及其概率分布．

如果随机变量 X 只可能取有限个或可列个值 x_1，x_2，…，则称 X 为离散型随机变量，称

$$p_i=P\{X=x_i\}，i=1，2，\cdots$$

为 X 的**分布列**、**分布律**或**概率分布**，记为 $X\sim p_i$，概率分布常常用表格形式或矩阵形式表示，即

X	x_1	x_2	…
P	p_1	p_2	…

或 $X\sim\begin{pmatrix}x_1 & x_2 & \cdots\\ p_1 & p_2 & \cdots\end{pmatrix}$.

（2）连续型随机变量及其概率密度．

如果随机变量 X 的分布函数可以表示为

$$F(x)=\int_{-\infty}^{x}f(t)\mathrm{d}t\,(x\in\mathbf{R}),$$

其中 $f(x)$ 是非负可积函数，则称 X 为**连续型随机变量**，称 $f(x)$ 为 X 的**概率密度函数**，简称**概率密度**，记为 $X\sim f(x)$．

当然，存在既非离散也非连续的随机变量，称为混合型随机变量，后面也常见．

2. 判分布

（1）$F(x)$ 是分布函数 $\Leftrightarrow$ $F(x)$ 是 x 的单调不减、右连续函数，且 $F(-\infty)=0$，$F(+\infty)=1$．

（2）$\{p_i\}$ 是概率分布 $\Leftrightarrow$ $p_i\geqslant 0$，且 $\sum\limits_i p_i=1$．

（3）$f(x)$ 是概率密度 $\Leftrightarrow$ $f(x)\geqslant 0$，且 $\int_{-\infty}^{+\infty}f(x)\mathrm{d}x=1$．

（4）反问题．

用 $\begin{cases}F(-\infty)=0,\\ F(+\infty)=1,\\ \sum\limits_i p_i=1,\\ \int_{-\infty}^{+\infty}f(x)\mathrm{d}x=1\end{cases}$ 建方程，求参数．

例 2.1 设 $f_1(x)$ 为标准正态分布的概率密度，$f_2(x)$ 为 $[-1,3]$ 上均匀分布的概率密度，若

$$f(x)=\begin{cases}af_1(x), & x\leqslant 0,\\ bf_2(x), & x>0\end{cases}(a>0,b>0)$$

为概率密度，则 a，b 应满足（　　）.

（A）$2a+3b=4$　　（B）$3a+2b=4$　　（C）$a+b=1$　　（D）$a+b=2$

【解】应选（A）.

根据连续型随机变量概率密度的性质，应有

$$1=\int_{-\infty}^{+\infty}f(x)\mathrm{d}x=\int_{-\infty}^{0}af_1(x)\mathrm{d}x+\int_{0}^{+\infty}bf_2(x)\mathrm{d}x .$$

由于

$$f_1(x)=\frac{1}{\sqrt{2\pi}}\mathrm{e}^{-\frac{x^2}{2}},\quad f_2(x)=\begin{cases}\frac{1}{4}, & -1\leqslant x\leqslant 3,\\ 0, & 其他,\end{cases}$$

于是有

$$\begin{aligned}1&=\int_{-\infty}^{+\infty}f(x)\mathrm{d}x=\int_{-\infty}^{0}af_1(x)\mathrm{d}x+\int_{0}^{+\infty}bf_2(x)\mathrm{d}x\\&=\frac{a}{2}\int_{-\infty}^{+\infty}f_1(x)\mathrm{d}x+b\int_{0}^{3}\frac{1}{4}\mathrm{d}x=\frac{a}{2}+\frac{3}{4}b,\end{aligned}$$

所以 $2a+3b=4$，故选择（A）.

例 2.2 设连续型随机变量 X_1，X_2 的概率密度分别为 $f_1(x)$，$f_2(x)$，其分布函数分别为 $F_1(x)$，$F_2(x)$，记 $g_1(x)=f_1(x)F_2(x)+f_2(x)F_1(x)$，$g_2(x)=f_1(x)F_1(x)+f_2(x)F_2(x)$，$g_3(x)=\frac{1}{2}[f_1(x)+f_2(x)]$，$g_4(x)=\sqrt{f_1(x)f_2(x)}$，则 $g_1(x)$，$g_2(x)$，$g_3(x)$，$g_4(x)$ 这 4 个函数中一定能作为概率密度的共有（　　）.

（A）1 个　　（B）2 个　　（C）3 个　　（D）4 个

【解】应选（C）.

显然，4 个函数均是非负的，故只需考虑其是否具有概率密度的性质.

由于

$$\begin{aligned}\int_{-\infty}^{+\infty}[f_1(x)F_2(x)+f_2(x)F_1(x)]\mathrm{d}x&=\int_{-\infty}^{+\infty}[F_1'(x)F_2(x)+F_1(x)F_2'(x)]\mathrm{d}x\\&=F_1(x)F_2(x)\Big|_{-\infty}^{+\infty}=1,\end{aligned}$$

因此 $g_1(x)=f_1(x)F_2(x)+f_2(x)F_1(x)$ 可以作为概率密度.

由于

$$\begin{aligned}\int_{-\infty}^{+\infty}[f_1(x)F_1(x)+f_2(x)F_2(x)]\mathrm{d}x&=\int_{-\infty}^{+\infty}f_1(x)F_1(x)\mathrm{d}x+\int_{-\infty}^{+\infty}f_2(x)F_2(x)\mathrm{d}x\\&=\int_{-\infty}^{+\infty}F_1(x)\mathrm{d}[F_1(x)]+\int_{-\infty}^{+\infty}F_2(x)\mathrm{d}[F_2(x)]\\&=\frac{1}{2}[F_1^2(x)+F_2^2(x)]\Big|_{-\infty}^{+\infty}=1,\end{aligned}$$

因此 $g_2(x)=f_1(x)F_1(x)+f_2(x)F_2(x)$ 可以作为概率密度.

由于 $\int_{-\infty}^{+\infty}\frac{1}{2}[f_1(x)+f_2(x)]\mathrm{d}x=\frac{1}{2}\int_{-\infty}^{+\infty}f_1(x)\mathrm{d}x+\frac{1}{2}\int_{-\infty}^{+\infty}f_2(x)\mathrm{d}x=\frac{1}{2}+\frac{1}{2}=1$，因此 $g_3(x)=\frac{1}{2}[f_1(x)+f_2(x)]$ 可以作为概率密度.

$g_4(x)=\sqrt{f_1(x)f_2(x)}$ 不一定可以作为概率密度. 如

$$f_1(x)=\begin{cases}2x,\ 0<x<1,\\0,\quad 其他,\end{cases}\quad f_2(x)=\begin{cases}4x^3,\ 0<x<1,\\0,\quad 其他\end{cases}$$

都是概率密度，但$\sqrt{f_1(x)f_2(x)}=\begin{cases}2\sqrt{2}x^2,\ 0<x<1,\\0,\quad 其他\end{cases}$不是概率密度，因为

$$\int_{-\infty}^{+\infty}\sqrt{f_1(x)f_2(x)}\mathrm{d}x=\int_0^1 2\sqrt{2}x^2\mathrm{d}x=\frac{2\sqrt{2}}{3}\neq 1.$$

综上所述，$g_1(x)$，$g_2(x)$，$g_3(x)$，$g_4(x)$ 这4个函数中一定能作为概率密度的共有3个.

应选（C）.

二 求分布

1. 离散型分布

$X\sim p_i$，则$F(x)=\sum\limits_{x_i\leqslant x}p_i$（阶梯形函数）.

【注】（1）分布律与分布函数互相唯一确定.

（2）常见以下5种离散型分布.

① 0—1分布.

$X\sim B(1,p)$，X（伯努利计数变量）$\sim\begin{pmatrix}1 & 0\\ p & 1-p\end{pmatrix}$.

②二项分布.

$$X\sim B(n,p)\begin{cases}\text{a. } n\text{次试验相互独立;}\\ \text{b. } P(A)=p;\\ \text{c. 只有}A,\bar{A}\text{两种结果.}\end{cases}$$

记X为A发生的次数，则

$$P\{X=k\}=\mathrm{C}_n^k\cdot p^k(1-p)^{n-k},\ k=0,\ 1,\ 2,\ \cdots,\ n.$$

二项分布$X\sim B(n,p)$还具有如下性质：

a. $Y=n-X$服从二项分布$B(n,q)$，其中$q=1-p$.

b. 对固定的n和p，随着k的增大，$P\{X=k\}$先上升到最大值而后下降，如图2-1所示.

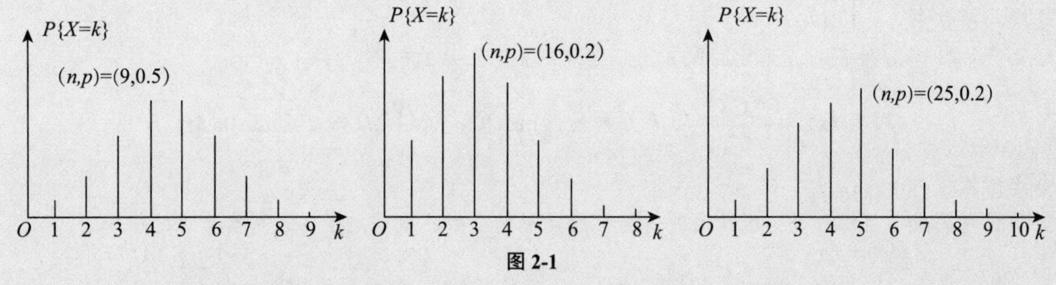

图2-1

证 记二项分布的分布律为

$$U_k=P\{X=k\}=\mathrm{C}_n^k p^k(1-p)^{n-k},$$

则相邻项的比值 $\dfrac{U_k}{U_{k-1}}=\dfrac{C_n^k p^k(1-p)^{n-k}}{C_n^{k-1}p^{k-1}(1-p)^{n-k+1}}$

证明过程仅供参考，不作要求

$$=\frac{\frac{n!}{k!(n-k)!}p^k(1-p)^{n-k}}{\frac{n!}{(k-1)!(n-k+1)!}p^{k-1}(1-p)^{n-k+1}}$$

$$=\frac{(n-k+1)p}{k(1-p)}=\frac{(n+1)p-kp}{k(1-p)}$$

$$=\frac{(n+1)p-k(1-q)}{kq}=\frac{kq+(n+1)p-k}{kq}(q=1-p)$$

$$=1+\frac{(n+1)p-k}{kq}.$$

若要求 $U_k \geqslant U_{k-1}$ 且 $U_k \geqslant U_{k+1}$，即 U_k 最大，则 $\dfrac{U_k}{U_{k-1}} \geqslant 1$ 且 $\dfrac{U_{k+1}}{U_k} \leqslant 1$，即

$$1+\frac{(n+1)p-k}{kq} \geqslant 1 \text{且} 1+\frac{(n+1)p-(k+1)}{(k+1)q} \leqslant 1,$$

可得

$$(n+1)p-k \geqslant 0 \text{ 且 } (n+1)p-(k+1) \leqslant 0,$$

于是有

$$(n+1)p-1 \leqslant k \leqslant (n+1)p. \quad (*)$$

由于 k 为整数，故当 $(n+1)p$ 是整数时，事件 A 最可能发生的次数

$$k=(n+1)p,\ (n+1)p-1,$$

比如 $(n+1)p=5$，则根据（*）式有 $4 \leqslant k \leqslant 5$，即 k 取 4 与 5；

当 $(n+1)p$ 不是整数时，事件 A 最可能发生的次数

$$k=[(n+1)p]\ （(n+1)p \text{ 取整}），$$

记住结论即可

比如 $(n+1)p=3.5$，则根据（*）式有 $2.5 \leqslant k \leqslant 3.5$，即 k 只能取 3.

③几何分布.

$X \sim G(p)$ 首中即停止（等待型分布），记 X 为试验次数，则

$$P\{X=k\}=p \cdot (1-p)^{k-1},\quad k=1,\ 2,\ \cdots.$$

几何分布具有无记忆性，当 m，n 均大于 0 时，有

$$P\{X=m+n \mid X>m\}=P\{X=n\};$$

$$P\{X>m+n \mid X>m\}=P\{X>n\}.$$

④超几何分布.

N 件产品中有 M 件正品，无放回取 n 次，则取到 k 个正品的概率

$$P\{X=k\}=\frac{C_M^k C_{N-M}^{n-k}}{C_N^n},\ k \text{ 为整数},\ \max\{0,n-N+M\} \leqslant k \leqslant \min\{n,M\}.$$

⑤泊松分布.

某单位时间段，某场合下，源源不断的随机质点流的个数，也常用于描述稀有事件的概率.

$$P\{X=k\}=\frac{\lambda^k}{k!}e^{-\lambda}(k=0,1,\ \cdots;\ \lambda>0),\ \lambda \text{ 表示强度 } (EX=\lambda).$$

泊松定理 若 $X \sim B(n,p)$，当 n 很大，p 很小，$\lambda=np$ 适中时，二项分布可用泊松分布近似表示，

即
$$C_n^k p^k (1-p)^{n-k} \approx \frac{\lambda^k}{k!} e^{-\lambda}.$$
一般地，当 $n \geqslant 20$ ，$p \leqslant 0.05$ 时，用泊松近似公式逼近二项分布效果比较好，特别当 $n \geqslant 100$ ，$np \leqslant 10$ 时，逼近效果更佳.
此处《全国硕士研究生招生考试数学考试大纲》的要求是"会用泊松分布近似表示二项分布"，考生应予以重视.

例 2.3 随机试验 E 有三种两两不相容的结果 A_1，A_2，A_3，且三种结果发生的概率均为 $\frac{1}{3}$. 将试验 E 独立重复做 2 次，X 表示 2 次试验中结果 A_1 发生的次数，Y 表示 2 次试验中结果 A_2 发生的次数，则 $X+Y$ 服从（　　）.

（A）$B\left(2,\frac{1}{3}\right)$　（B）$B\left(2,\frac{2}{3}\right)$　（C）$B\left(4,\frac{1}{3}\right)$　（D）$B\left(4,\frac{2}{3}\right)$

【解】应选（B）.

设 Z 表示 2 次试验中结果 A_3 发生的次数，则 $Z \sim B\left(2,\frac{1}{3}\right)$.

又 $X+Y+Z=2$ ，于是 $X+Y=2-Z$. 根据二项分布的性质，知
$$X+Y=2-Z \sim B\left(2,\frac{2}{3}\right),$$
（$Y=n-X$ 服从二项分布 $B(n,q)$，其中 $q=1-p$.）

故选（B）.

例 2.4 如果某篮球运动员每次投篮投中的概率是 0.8，每次投篮的结果相互独立，则该运动员在 10 次投篮中，最有可能投中的次数为________.

【解】应填 8.

此题为客观题，则可按照"二的 1 的注中（2）的②"的结论，将 $n=10$ ，$p=0.8$ 代入，直接求出
$$(n+1)p = 11\times 0.8 = 8.8 ,\quad k=[8.8]=8$$
即可 .

例 2.5 一本 500 页的书，共有 100 个错字，每个错字等可能出现在每页，按照泊松定理，在给定的一页上至少有 2 个错字的概率为（　　）.

（A）$1-e^{-\frac{2}{5}}$　（B）$1-e^{-\frac{1}{5}}$　（C）$1-\frac{5}{6}e^{-\frac{1}{5}}$　（D）$1-\frac{6}{5}e^{-\frac{1}{5}}$

【解】应选（D）.

本题的关键是如何建立其概型 . 由题意，每个错字出现在某页上的概率均为 $\frac{1}{500}$ ，100 个错字就可看作 100 次伯努利试验，于是问题就迎刃而解了 .

设 A 表示"给定的一页上至少有 2 个错字"，于是有
$$\begin{aligned}P(A)&=1-P(\overline{A})\\&=1-\sum_{i=0}^{1}C_{100}^{i}\left(\frac{1}{500}\right)^{i}\left(1-\frac{1}{500}\right)^{100-i}\\&=1-\left(1-\frac{1}{500}\right)^{100}-100\times\frac{1}{500}\times\left(1-\frac{1}{500}\right)^{99},\end{aligned}$$

由泊松定理得 $P(A)\approx 1-\mathrm{e}^{-\frac{1}{5}}-\frac{1}{5}\mathrm{e}^{-\frac{1}{5}}=1-\frac{6}{5}\mathrm{e}^{-\frac{1}{5}}$.

所以选（D）.

2. 连续型分布

$X\sim f(x)$ ，则 $F(x)=\int_{-\infty}^{x}f(t)\mathrm{d}t$.

【注】（1）$f(x)$ 可唯一确定 $F(x)$ ；$F(x)$ 不可唯一确定 $f(x)$（改变 $f(x)$ 在有限个点的值，不影响 $F(x)$）.

（2）若 $f(x)$ 为分段函数.

① $f(x)=\begin{cases}g(x), & a\leqslant x<b,\\ 0, & \text{其他},\end{cases}$ 则 $F(x)=\begin{cases}0, & x<a,\\ \int_{a}^{x}g(t)\mathrm{d}t, & a\leqslant x<b,\\ 1, & x\geqslant b.\end{cases}$

② $f(x)=\begin{cases}g_1(x), & a\leqslant x<c,\\ g_2(x), & c\leqslant x<b,\\ 0, & \text{其他},\end{cases}$ 则 $F(x)=\begin{cases}0, & x<a,\\ \int_{a}^{x}g_1(t)\mathrm{d}t, & a\leqslant x<c,\\ \int_{a}^{c}g_1(t)\mathrm{d}t+\int_{c}^{x}g_2(t)\mathrm{d}t, & c\leqslant x<b,\\ 1, & x\geqslant b.\end{cases}$

（3）常见以下 3 种连续型分布.

①均匀分布 $U(a,b)$.

如果随机变量 X 的概率密度或分布函数分别为

$$f(x)=\begin{cases}\dfrac{1}{b-a}, & a<x<b,\\ 0, & \text{其他},\end{cases}\quad F(x)=\begin{cases}0, & x<a,\\ \dfrac{x-a}{b-a}, & a\leqslant x<b,\\ 1, & x\geqslant b,\end{cases}$$

则称 X 在区间 (a,b) 上服从**均匀分布**，记为 $X\sim U(a,b)$.（见图 2-2，2-3）

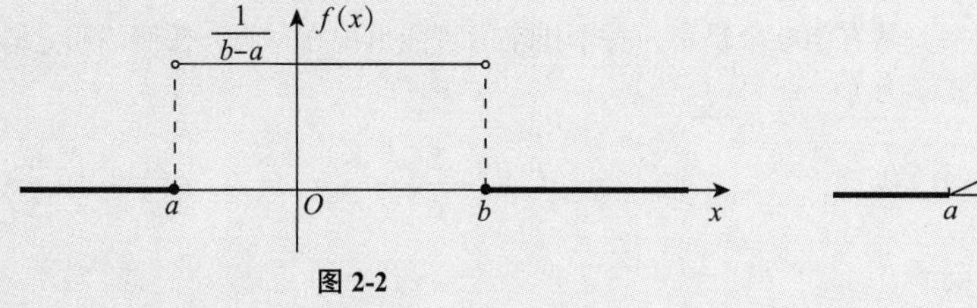

图 2-2

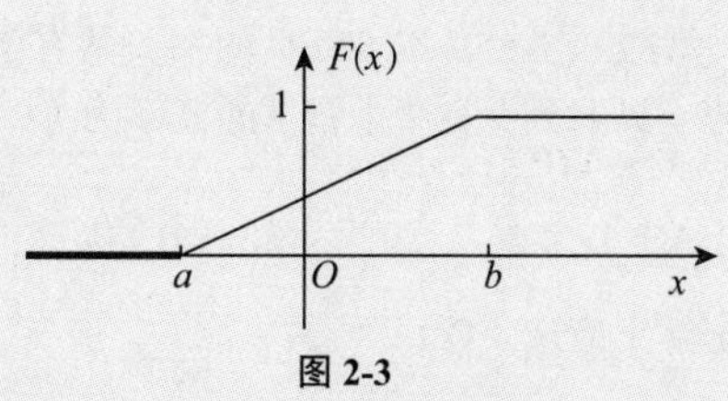

图 2-3

注意：1° 区间 (a,b) 可以是 $[a,b]$.

2° 几何概型是均匀分布的实际背景，于是有另一种表示形式“X 在 I 上的任一子区间取值的概率与该子区间长度成正比”，即 $X\sim U(I)$.

②指数分布 $E(\lambda)$.

如果 X 的概率密度或分布函数分别为

$$f(x)=\begin{cases}\lambda\mathrm{e}^{-\lambda x}, & x\geqslant 0,\\ 0, & \text{其他}\end{cases}(\lambda>0),F(x)=\begin{cases}1-\mathrm{e}^{-\lambda x}, & x\geqslant 0,\\ 0, & x<0\end{cases}(\lambda>0) ,$$

则称 X 服从参数为 λ 的**指数分布**，记为 $X\sim E(\lambda)$．（见图 2-4，2-5）

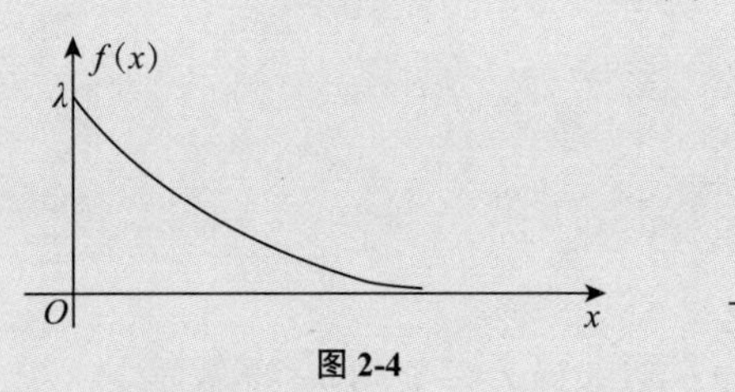

图 2-4

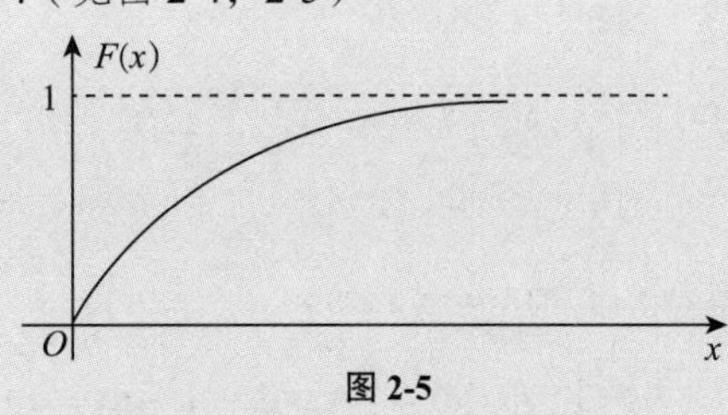

图 2-5

注意：1° 当 $t,s>0$ 时，$P\{X\geqslant t+s\mid X\geqslant t\}=P\{X\geqslant s\}$ 称为指数分布的无记忆性（Memoryless Property）．

2° $EX=\dfrac{1}{\lambda}$ 称为平均寿命，也称为平均等待时间，λ 称为失效频率，它是一个常数，失效频率不变，元件无损耗，才有无记忆性．

③正态分布．

若
$$X\sim f(x)=\frac{1}{\sqrt{2\pi}\sigma}\mathrm{e}^{-\frac{(x-\mu)^2}{2\sigma^2}},-\infty<x<+\infty\text{，其中}-\infty<\mu<+\infty\text{，}\sigma>0\text{，}$$

则称 X 服从参数为 (μ,σ^2) 的**正态分布**，记为 $X\sim N\left(\mu,\sigma^2\right)$．

注意：1° $\mu=0$，$\sigma=1$ 时的正态分布 $N(0,1)$ 为标准正态分布，

$$X\sim\varphi(x)=\frac{1}{\sqrt{2\pi}}\mathrm{e}^{-\frac{x^2}{2}}\text{，}\quad \Phi(x)=\int_{-\infty}^{x}\frac{1}{\sqrt{2\pi}}\mathrm{e}^{-\frac{t^2}{2}}\mathrm{d}t\text{，}$$

则 $X\sim N(0,1)$．

2° $f(x)$ 与 $\varphi(x)$ 的图形分别如图 2-6，图 2-7 所示．

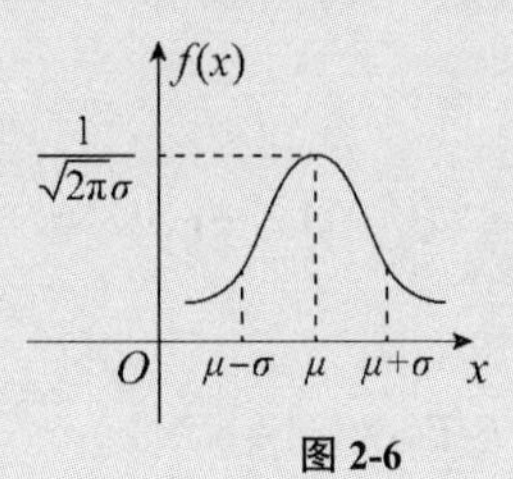

图 2-6

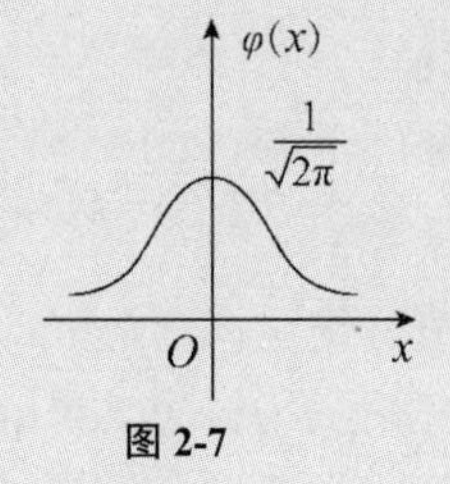

图 2-7

3° 若 $X\sim N(0,1)$，则
$$\Phi(-x)=1-\Phi(x)\text{；}\quad \Phi(0)=\frac{1}{2}\text{；}$$
$$P\{|X|\leqslant a\}=2\Phi(a)-1(a>0)\text{；}$$
$$P\{|X|>a\}=2[1-\Phi(a)](a>0)\text{．}$$

4° 若 $X\sim N(\mu,\sigma^2)$，则
$$\frac{X-\mu}{\sigma}\sim N(0,1)\text{；}$$
$$F(x)=P\{X\leqslant x\}=\Phi\left(\frac{x-\mu}{\sigma}\right)\text{；}$$
$$P\{a\leqslant X\leqslant b\}=\Phi\left(\frac{b-\mu}{\sigma}\right)-\Phi\left(\frac{a-\mu}{\sigma}\right)\text{；}$$
$$P\{\mu-\sigma\leqslant X\leqslant\mu+\sigma\}=2\Phi(1)-1\text{；}$$
$$P\{\mu-k\sigma\leqslant X\leqslant\mu+k\sigma\}=2\Phi(k)-1(k>0)\text{．}$$

例 2.6　确定下列各随机变量概率密度中未知参数 a 的值，并求出它们的分布函数：

（1）$f_1(x)=\begin{cases} ae^x, & x<0, \\ \dfrac{1}{4}, & 0\leqslant x<2, \\ 0, & x\geqslant 2; \end{cases}$

（2）$f_2(x)=ae^{-|x|}$，$-\infty<x<+\infty$.

【解】（1）由 $\int_{-\infty}^{+\infty}f_1(x)dx=\int_{-\infty}^{0}ae^x dx+\int_0^2\frac{1}{4}dx=a+\frac{1}{2}=1$，得 $a=\frac{1}{2}$，则分布函数为

$$F_1(x)=\int_{-\infty}^{x}f_1(t)dt=\begin{cases} \int_{-\infty}^{x}\frac{1}{2}e^t dt, & x<0, \\ \int_{-\infty}^{0}\frac{1}{2}e^t dt+\int_0^x\frac{1}{4}dt, & 0\leqslant x<2, \\ 1, & x\geqslant 2 \end{cases}=\begin{cases} \frac{1}{2}e^x, & x<0, \\ \frac{1}{2}+\frac{x}{4}, & 0\leqslant x<2, \\ 1, & x\geqslant 2. \end{cases}$$

（2）由 $\int_{-\infty}^{+\infty}f_2(x)dx=\int_{-\infty}^{0}ae^x dx+\int_0^{+\infty}ae^{-x}dx=2a=1$，得 $a=\frac{1}{2}$，则分布函数为

$$F_2(x)=\int_{-\infty}^{x}f_2(t)dt=\begin{cases} \int_{-\infty}^{x}\frac{1}{2}e^t dt, & x<0, \\ \int_{-\infty}^{0}\frac{1}{2}e^t dt+\int_0^x\frac{1}{2}e^{-t}dt, & x\geqslant 0 \end{cases}=\begin{cases} \frac{1}{2}e^x, & x<0, \\ 1-\frac{1}{2}e^{-x}, & x\geqslant 0. \end{cases}$$

例 2.7　设某大型设备在任何长度为 t 的时间内发生故障的次数 $N(t)$ 服从参数为 λt 的泊松分布 .

（1）求相继出现两次故障之间的时间间隔 T 的概率分布；

（2）求设备已经无故障工作 8 h 的情况下，再无故障工作 16 h 以上的概率 .

【解】（1）T 的值域为区间，属连续型随机变量 . 求概率分布，即求分布函数 $F(t)$，即求概率 $P\{T\leqslant t\}$. 由题知，当 $t>0$ 时，

$$P\{N(t)=k\}=\frac{(\lambda t)^k}{k!}e^{-\lambda t}(k=0,1,2,\cdots),$$

事件 $\{T>t\}$ 与 $\{N(t)=0\}$ 等价，有

$$F(t)=P\{T\leqslant t\}=1-P\{T>t\}=1-e^{-\lambda t};$$

当 $t\leqslant 0$ 时，$F(t)=0$. 则

$$F(t)=\begin{cases} 1-e^{-\lambda t}, & t\geqslant 0, \\ 0, & t<0, \end{cases}$$

T 服从参数为 λ 的指数分布 .

（2）由无记忆性知 $P\{T\geqslant 16+8\,|\,T\geqslant 8\}=P\{T\geqslant 16\}=1-(1-e^{-16\lambda})=e^{-16\lambda}$.

例 2.8　设某种元件的使用寿命 T 的分布函数为

$$F(t)=\begin{cases} 1-e^{-\left(\frac{t}{\theta}\right)^m}, & t\geqslant 0, \\ 0, & \text{其他}, \end{cases}$$

m=1 时是指数分布

其中 θ，m 为参数且大于零. 求概率 $P\{T>t\}$ 与 $P\{T>s+t\,|\,T>s\}$，其中 $s>0$，$t>0$.

【解】由条件知

$$P\{T>t\}=1-P\{T\leqslant t\}=1-F(t)=e^{-\frac{t^m}{\theta^m}},$$

$$P\{T>s+t|T>s\}=\frac{P\{T>s+t,T>s\}}{P\{T>s\}}=\frac{P\{T>s+t\}}{P\{T>s\}}=\frac{\mathrm{e}^{-\frac{(s+t)^m}{\theta^m}}}{\mathrm{e}^{-\frac{s^m}{\theta^m}}}=\mathrm{e}^{-\frac{(s+t)^m-s^m}{\theta^m}}.$$

【注】此分布为威布尔分布，是考虑元件损耗的寿命分布；若 $m=1$，则成为指数分布，是理想元件（无损耗）的寿命分布.

例 2.9 设随机变量 X 的概率分布为 $P\{X=1\}=P\{X=2\}=\frac{1}{2}$. 在给定 $X=i$ 的条件下，随机变量 Y 服从均匀分布 $U(0,i)(i=1,2)$. 求 Y 的分布函数 $F_Y(y)$ 和概率密度 $f_Y(y)$.

【解】$F_Y(y)=P\{Y\leqslant y\}=P\{X=1\}P\{Y\leqslant y|X=1\}+P\{X=2\}P\{Y\leqslant y|X=2\}$

$$=\frac{1}{2}P\{Y\leqslant y|X=1\}+\frac{1}{2}P\{Y\leqslant y|X=2\}.$$

当 $y<0$ 时，$F_Y(y)=0$；

当 $0\leqslant y<1$ 时，$F_Y(y)=\frac{3y}{4}$；

当 $1\leqslant y<2$ 时，$F_Y(y)=\frac{1}{2}+\frac{y}{4}$；

当 $y\geqslant 2$ 时，$F_Y(y)=1$.

所以 Y 的分布函数为

$$F_Y(y)=\begin{cases}0, & y<0,\\ \frac{3y}{4}, & 0\leqslant y<1,\\ \frac{1}{2}+\frac{y}{4}, & 1\leqslant y<2,\\ 1, & y\geqslant 2.\end{cases}$$

随机变量 Y 的概率密度为

$$f_Y(y)=\begin{cases}\frac{3}{4}, & 0<y<1,\\ \frac{1}{4}, & 1<y<2,\\ 0, & \text{其他}.\end{cases}$$

【注】计算 $F(x)=P\{X\leqslant x\}$ 时，若 $\{X\leqslant x\}$ 是复杂事件，应先将事件 $\{X\leqslant x\}$ 按题设分解为完备事件组的并，然后用全概率公式计算 $P\{X\leqslant x\}$.

例 2.10 设 X_1，X_2，X_3 是随机变量，且

$$X_1\sim N(0,1),X_2\sim N(0,2^2),X_3\sim N(5,3^2),$$
$$p_i=P\{-2\leqslant X_i\leqslant 2\}(i=1,2,3),$$

则（　　）.

（A）$p_1>p_2>p_3$　　（B）$p_2>p_1>p_3$　　（C）$p_3>p_1>p_2$　　（D）$p_1>p_3>p_2$

【解】应选（A）.

$$p_1=\Phi(2)-\Phi(-2)=\int_{-2}^{2}\varphi(x)\mathrm{d}x,$$

$$p_2=\Phi\left(\frac{2}{2}\right)-\Phi\left(\frac{-2}{2}\right)=\int_{-1}^{1}\varphi(x)\mathrm{d}x,$$

$$p_3=\Phi\left(\frac{2-5}{3}\right)-\Phi\left(\frac{-2-5}{3}\right)=\int_{-\frac{7}{3}}^{-1}\varphi(x)\mathrm{d}x,$$

由图 2-8（a）与（b）比较，知 $p_1>p_2$，由图 2-8（b）与（c）比较，知 $p_2>p_3$. 故 $p_1>p_2>p_3$，选（A）.

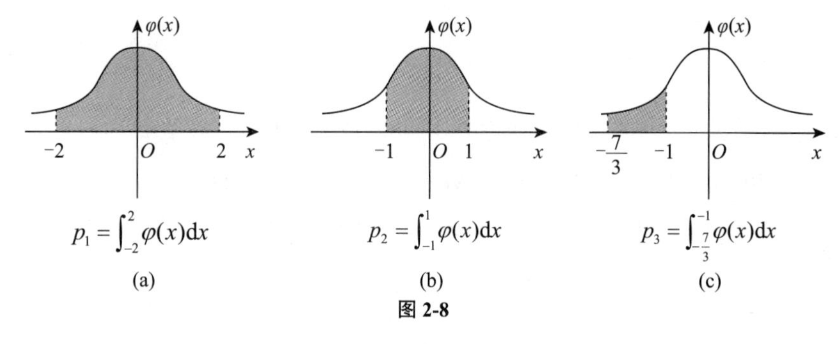

图 2-8

【注】设 $X\sim N(\mu,\sigma^2)$，由 $\Phi(x)$ 的函数表还能得到（见图 2-9）：

$$P\{\mu-\sigma<X<\mu+\sigma\}=\Phi(1)-\Phi(-1)=2\Phi(1)-1=68.26\%,$$

$$P\{\mu-2\sigma<X<\mu+2\sigma\}=\Phi(2)-\Phi(-2)=95.44\%,$$

$$P\{\mu-3\sigma<X<\mu+3\sigma\}=\Phi(3)-\Phi(-3)=99.74\%.$$

我们看到，尽管正态变量的取值范围是 $(-\infty,+\infty)$，但它的值落在 $(\mu-3\sigma,\mu+3\sigma)$ 内几乎是肯定的事. 这就是"3σ"法则.

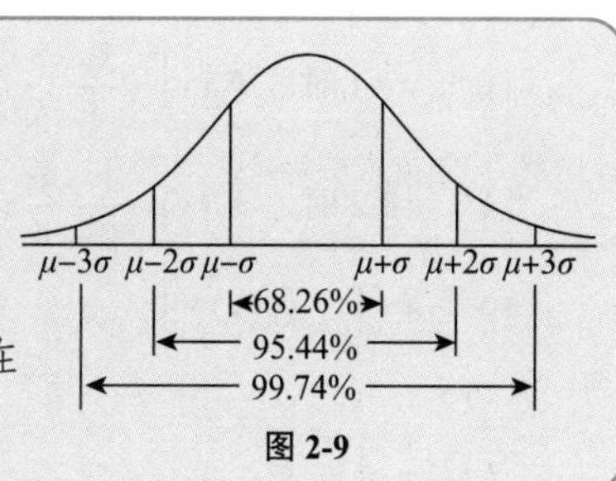

图 2-9

3. 混合型分布

X 是混合型，则 $F(x)=P\{X\leqslant x\}$.

例 2.11 设随机变量 X 的绝对值不大于 1，$P\{X=-1\}=\frac{1}{8}$，$P\{X=1\}=\frac{1}{4}$. 在事件 $\{-1<X<1\}$ 发生的条件下，X 在 $(-1,1)$ 内任一子区间上取值的条件概率与该子区间长度成正比，求 X 的分布函数 $F(x)$.

【解】由题设知 $P\{|X|\leqslant 1\}=1$，$P\{X=-1\}=\frac{1}{8}$，$P\{X=1\}=\frac{1}{4}$，记 $A=\{-1<X<1\}$，依题意，在 A 发生的条件下，X 在 $(-1,1)$ 上服从均匀分布，即在 A 发生的条件下，X 的条件概率密度为

$$f_X(x\mid A)=\begin{cases}\frac{1}{2}, & -1<x<1,\\ 0, & \text{其他}.\end{cases}$$

由题设得
$$P(A)=P\{-1<X<1\}=P\{-1\leqslant X\leqslant 1\}-P\{X=-1\}-P\{X=1\}$$
$$=1-\frac{1}{8}-\frac{1}{4}=\frac{5}{8}.$$

记所求 X 的分布函数 $F(x)=P\{X\leqslant x\}$，则

当 $x<-1$ 时，$F(x)=P\{X\leqslant x\}=0$ ；

当 $-1\leqslant x<1$ 时，$F(x)=P\{X\leqslant x\}=P\{X<-1\}+P\{X=-1\}+\underline{P\{-1<X\leqslant x\}}$

$$=0+\frac{1}{8}+P\{-1<X\leqslant x,A\}+\underline{P\{-1<X\leqslant x,\bar{A}\}}$$

（批注：$P\{-1<X\leqslant x\}=P\{-1<X\leqslant x,\Omega\}=P\{-1<X\leqslant x,(A\cup\bar{A})\}$；$P\{-1<X\leqslant x,\bar{A}\}=P\{-1<X\leqslant x,\overline{-1<X<1}\}=P(\varnothing)=0$）

$$=\frac{1}{8}+P(A)P\{-1<X\leqslant x\mid A\}=\frac{1}{8}+\frac{5}{8}\int_{-1}^{x}\frac{1}{2}\mathrm{d}t=\frac{5x+7}{16};$$

当 $x\geqslant 1$ 时，由于 $P\{|X|\leqslant 1\}=1$，因此 $F(x)=P\{X\leqslant x\}=1$.

综上可得
$$F(x)=\begin{cases}0, & x<-1,\\ \dfrac{5x+7}{16}, & -1\leqslant x<1,\\ 1, & x\geqslant 1.\end{cases}$$

【注】（1）$P\{X\leqslant x\}=P\{X\leqslant x,\Omega\}$，这是求随机变量分布、计算概率时常用的技巧，事实上是“全集分解法”.

（2）从本题可以看出，X 的分布函数 $F(x)$ 既不是连续函数（X 不是连续型随机变量），也不是阶梯形函数（X 不是离散型随机变量）.

利用分布求概率及反问题.

（1）$X\sim F(x)$，则

① $P\{X\leqslant a\}=F(a)$；

② $P\{X<a\}=F(a-0)$；

③ $P\{X=a\}=P\{X\leqslant a\}-P\{X<a\}=F(a)-F(a-0)$；

④ $P\{a<X<b\}=P\{X<b\}-P\{X\leqslant a\}=F(b-0)-F(a)$；

⑤ $P\{a\leqslant X\leqslant b\}=P\{X\leqslant b\}-P\{X<a\}=F(b)-F(a-0)$.

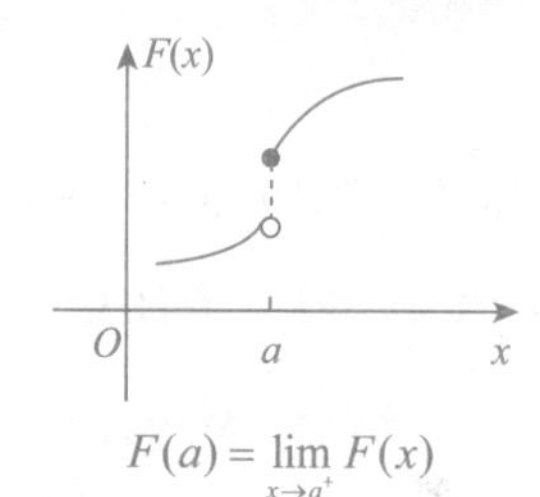

$F(a)=\lim\limits_{x\to a^{+}}F(x)$

（2）$X\sim p_i$，则
$$P\{X\in I\}=\sum_{x_i\in I}P\{X=x_i\}.$$

（3）$X\sim f(x)$，则
$$P\{X\in I\}=\int_I f(x)\mathrm{d}x.$$

（4）反问题：已知概率反求参数.

例 2.12 设随机变量 X 的分布函数
$$F(x)=\begin{cases}0, & x<0,\\ \dfrac{1}{2}, & 0\leqslant x<1,\\ 1-\mathrm{e}^{-x}, & x\geqslant 1,\end{cases}$$
记 $p_1=P\{0\leqslant X\leqslant 1\}$，$p_2=P\{0<X<1\}$，则 p_1，p_2 分别为（　　）.

（A）$1-\mathrm{e}^{-1}$，0　（B）$1-\mathrm{e}^{-2}$，$1-\mathrm{e}^{-1}$　（C）$1-\mathrm{e}^{-3}$，$1-\mathrm{e}^{-2}$　（D）$1-\mathrm{e}^{-4}$，$1-\mathrm{e}^{-3}$

【解】应选（A）.

$$p_1=P\{0\leqslant X\leqslant 1\}=P\{X\leqslant 1\}-P\{X<0\}=F(1)-F(0-0)=1-\mathrm{e}^{-1}-0=1-\mathrm{e}^{-1};$$

$$p_2=P\{0<X<1\}=P\{X<1\}-P\{X\leqslant 0\}=F(1-0)-F(0)=\frac{1}{2}-\frac{1}{2}=0.$$

例 2.13 设随机变量 X 的概率密度 $f(x)$ 满足 $f(1+x)=f(1-x)$，且 $\int_0^2 f(x)\mathrm{d}x=0.6$，则 $P\{X<0\}=$

(　　).

(A) 0.2　　(B) 0.3　　(C) 0.4　　(D) 0.5

【解】应选(A).

由 $f(1+x)=f(1-x)$ 知，概率密度 $f(x)$ 关于 $x=1$ 对称，则 $P\{X<1\}=0.5$.

由 $\int_0^2 f(x)\mathrm{d}x=0.6$ 知，$P\{0<X<2\}=0.6$ ，进而 $P\{0<X<1\}=0.3$.

于是 $P\{X<0\}=P\{X\leqslant 0\}=P\{X<1\}-P\{0<X<1\}=0.5-0.3=0.2$ ，选(A).

例 2.14　已知 X 的概率密度为 $f(x)=\dfrac{1}{2\sqrt{\pi}}\mathrm{e}^{-\left(\frac{x+1}{2}\right)^2}$ ，且 $aX+b\sim N(0,1)(a>0)$ ，则 $(a,b)=$ (　　).

(A) $\left(\dfrac{\sqrt{2}}{2},\dfrac{\sqrt{2}}{2}\right)$　　(B) $\left(\dfrac{\sqrt{2}}{2},-\dfrac{\sqrt{2}}{2}\right)$　　(C) $\left(\dfrac{\sqrt{3}}{2},-\dfrac{\sqrt{3}}{2}\right)$　　(D) $\left(\dfrac{\sqrt{3}}{2},\dfrac{\sqrt{3}}{2}\right)$

【解】应选(A).

根据正态分布的概率密度知 $X\sim N(-1,2)$ ，故 $\dfrac{X+1}{\sqrt{2}}\sim N(0,1)$ ，所以 $a=\dfrac{\sqrt{2}}{2}$ ，$b=\dfrac{\sqrt{2}}{2}$.

例 2.15　设 X 的概率密度为

$$f(x)=\begin{cases}\dfrac{1}{3}, & 0\leqslant x\leqslant 1,\\ \dfrac{2}{9}, & 3\leqslant x\leqslant 6,\\ 0, & \text{其他},\end{cases}$$

常数 k 满足 $P\{X\geqslant k\}=\dfrac{2}{3}$ ，则 k 的取值范围为________.

【解】应填 $[1,3]$.

已知 $\dfrac{2}{3}=P\{X\geqslant k\}=\int_k^{+\infty}f(x)\mathrm{d}x$ ，由等式右边积分的几何意义(见图 2-10)：在 $[k,+\infty)$ 上曲边为 $f(x)$ 的梯形的面积，即知 k 的取值范围为 $[1,3]$.

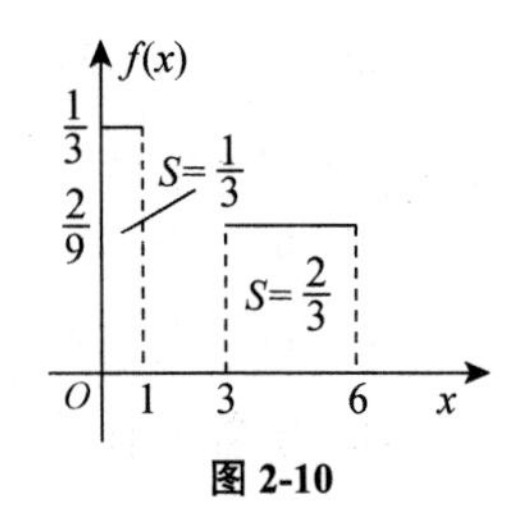

图 2-10

【注】应用概率密度的几何意义解题有时十分简捷方便.

第3讲 一维随机变量函数的分布

知识结构

- 离散型→离散型 — $p_i=P\{X=x_i\},Y=g(X),Y\sim\begin{pmatrix}g(x_1) & g(x_2) & \cdots\\ p_1 & p_2 & \cdots\end{pmatrix}$
- 连续型→连续型（或混合型）
  - 分布函数法 — $F_Y(y)=P\{Y\leqslant y\}=P\{g(X)\leqslant y\}=\int_{g(x)\leqslant y}f_X(x)\mathrm{d}x$
  - 公式法 — $f_Y(y)=\begin{cases}f_X[h(y)]\cdot|h'(y)|, & \alpha<y<\beta\\ 0, & \text{其他}\end{cases}$
- 连续型→离散型 — $X\sim f_X(x),Y=g(X)$ 离散，确定 Y 的可能取值 a，计算 $P\{Y=a\}$，求 Y 的概率分布

一 离散型→离散型

设 X 为离散型随机变量，其概率分布为 $p_i=P\{X=x_i\}(i=1,2,\cdots)$，则 X 的函数 $Y=g(X)$ 也是离散型随机变量，其概率分布为 $P\{Y=g(x_i)\}=p_i$，即

$$Y\sim\begin{pmatrix}g(x_1) & g(x_2) & \cdots\\ p_1 & p_2 & \cdots\end{pmatrix}.$$

如果有若干个 $g(x_k)$ 相同，则合并诸项为一项 $g(x_k)$，并将相应概率相加作为 Y 取 $g(x_k)$ 值的概率.

例 3.1 设随机变量 X 的概率分布为 $P\{X=k\}=\dfrac{1}{2^k},k=1,2,3,\cdots$. 若 Y 表示 X 被 3 除的余数，则 Y 的概率分布为________.

【解】应填 $Y\sim\begin{pmatrix}0 & 1 & 2\\ \frac{1}{7} & \frac{4}{7} & \frac{2}{7}\end{pmatrix}$.

Y 的可能取值为 0，1，2.

$$P\{Y=0\}=\sum_{k=1}^{\infty}P\{X=3k\}=\sum_{k=1}^{\infty}\frac{1}{2^{3k}}=\frac{1}{7},$$

$$P\{Y=1\}=\sum_{k=0}^{\infty}P\{X=3k+1\}=\sum_{k=0}^{\infty}\frac{1}{2^{3k+1}}=\frac{4}{7},$$

$$P\{Y=2\}=\sum_{k=0}^{\infty}P\{X=3k+2\}=\sum_{k=0}^{\infty}\frac{1}{2^{3k+2}}=\frac{2}{7},$$

所以 Y 的概率分布为

$$Y\sim\begin{pmatrix}0 & 1 & 2\\ \frac{1}{7} & \frac{4}{7} & \frac{2}{7}\end{pmatrix}.$$

二 连续型→连续型（或混合型）

设 X 为连续型随机变量，其分布函数、概率密度分别为 $F_X(x)$ 与 $f_X(x)$，随机变量 $Y=g(X)$ 是 X 的函数，则 Y 的分布函数或概率密度可用下面两种方法求得.

1. 分布函数法

直接由定义求 Y 的分布函数

此不等式的几何意义是：曲线 $Y=g(X)$ 在直线 $Y=y$ 下方，由此可通过作图得出 X 的取值范围，在 $Y=g(X)$ 是非单调函数时，一般此解析法方便.

$$F_Y(y)=P\{Y\leqslant y\}=P\{\underline{g(X)\leqslant y}\}=\int_{g(x)\leqslant y}f_X(x)\mathrm{d}x .$$

如果 $F_Y(y)$ 连续，且除有限个点外，$F_Y'(y)$ 存在且连续，则 Y 的概率密度 $f_Y(y)=F_Y'(y)$.

2. 公式法

根据上面的分布函数法，若 $y=g(x)$ 在 (a,b) 上是关于 x 的严格单调可导函数，则存在 $x=h(y)$ 是 $y=g(x)$ 在 (a,b) 上的可导反函数.

若 $y=g(x)$ 严格单调增加，则 $x=h(y)$ 也严格单调增加，即 $h'(y)>0$，且

$$F_Y(y)=P\{Y\leqslant y\}=P\{g(X)\leqslant y\}=P\{X\leqslant h(y)\}=\int_{-\infty}^{h(y)}f_X(x)\mathrm{d}x ,$$

故 $f_Y(y)=F_Y'(y)=f_X[h(y)]\cdot h'(y)$.

若 $y=g(x)$ 严格单调减少，则 $x=h(y)$ 也严格单调减少，即 $h'(y)<0$，且

$$F_Y(y)=P\{Y\leqslant y\}=P\{g(X)\leqslant y\}=P\{X\geqslant h(y)\}=\int_{h(y)}^{+\infty}f_X(x)\mathrm{d}x ,$$

故 $f_Y(y)=F_Y'(y)=-f_X[h(y)]\cdot h'(y)=f_X[h(y)]\cdot[-h'(y)]$.

综上，

$$f_Y(y)=\begin{cases}f_X[h(y)]\cdot|h'(y)|, & \alpha<y<\beta,\\ 0, & 其他,\end{cases}$$

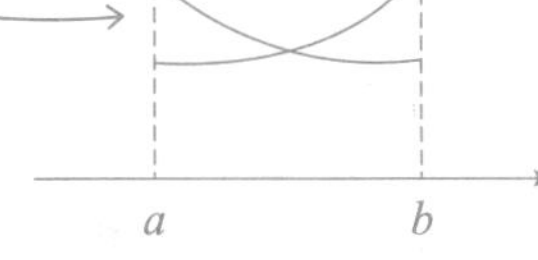

其中 $\alpha=\min\left\{\lim\limits_{x\to a^+}g(x),\lim\limits_{x\to b^-}g(x)\right\},\beta=\max\left\{\lim\limits_{x\to a^+}g(x),\lim\limits_{x\to b^-}g(x)\right\}$.

例 3.2 在区间 $(0,2)$ 上随机取一点，将该区间分成两段，较短一段的长度记为 X，较长一段的长度记为 Y. 令 $Z=\dfrac{Y}{X}$.

（1）求 X 的概率密度；

（2）求 Z 的概率密度 .

用已知来表示未知

【解】（1）设随机取的点的坐标记为 V，则 $V\sim U(0,2)$，$X=\min\{V,2-V\}$，X 的分布函数记为 $F_X(x)$. 由于 $P\{0\leqslant X\leqslant1\}=1$，故

（V ↓ 已知；X ↓ 未知，且 $Y=2-X$）

（数轴：0　V　2，分为 V 与 $2-V$ 两段）

当 $x<0$ 时，$F_X(x)=0$；当 $x\geqslant1$ 时，$F_X(x)=1$；

当 $0\leqslant x<1$ 时，

$$\begin{aligned}&F_X(x)=P\{X\leqslant x\}\\&=P\{\min\{V,2-V\}\leqslant x\}\\&=1-P\{\min\{V,2-V\}>x\}\\&=1-P\{x<V<2-x\}\\&=1-\frac{(2-x)-x}{2}=x.\end{aligned}$$

（$V>x$ 且 $2-V>x\Rightarrow x<V<2-x$）

（数轴：0　x　$2-x$　2）

$\dfrac{2-2x}{2}=1-x$

所以 X 的分布函数为 $F_X(x)=\begin{cases}0, & x<0,\\ x, & 0\leqslant x<1,\\ 1, & x\geqslant 1.\end{cases}$

故 X 的概率密度为 $f_X(x)=\begin{cases}1, & 0<x<1,\\ 0, & 其他.\end{cases}$ →能一元，不要多元

（2）由条件知，$Z=\dfrac{Y}{X}=\dfrac{2-X}{X}$．由于函数 $z=\dfrac{2-x}{x}$ 在 $(0,1)$ 内严格单调减少且可导，反函数为 $x=\dfrac{2}{1+z}$，且 $\dfrac{\mathrm{d}x}{\mathrm{d}z}=-\dfrac{2}{(1+z)^2}$，故 Z 的概率密度为

$$f_Z(z)=\begin{cases}f_X\left(\dfrac{2}{1+z}\right)\left|-\dfrac{2}{(1+z)^2}\right|, & z>1,\\ 0, & 其他\end{cases}$$

→ $z(0)\to+\infty, z(1)=1$

$$=\begin{cases}\dfrac{2}{(1+z)^2}, & z>1,\\ 0, & 其他.\end{cases}$$

例 3.3 设随机变量 X 的概率密度为 $f_X(x)=\begin{cases}\dfrac{1}{2}, & -1<x<0,\\ \dfrac{1}{4}, & 0\leqslant x<2,\\ 0, & 其他.\end{cases}$ 令 $Y=X^2$，求 Y 的概率密度 $f_Y(y)$．

【解】Y 的分布函数为 $F_Y(y)=P\{Y\leqslant y\}=P\{X^2\leqslant y\}$．

①当 $y<0$ 时，$F_Y(y)=0$，$f_Y(y)=0$；

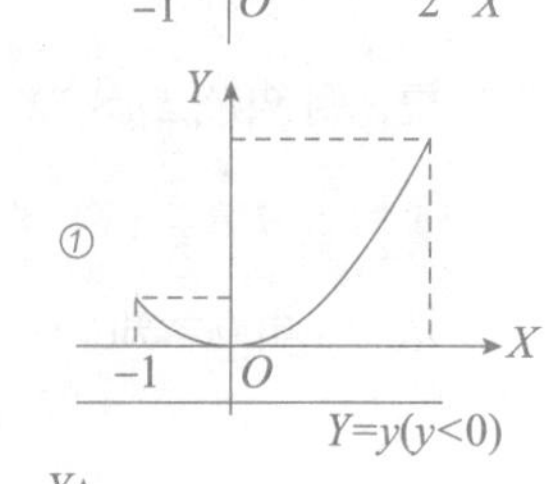

②当 $0\leqslant y<1$ 时，

$$F_Y(y)=P\{-\sqrt{y}\leqslant X\leqslant\sqrt{y}\}=P\{-\sqrt{y}\leqslant X<0\}+P\{0\leqslant X\leqslant\sqrt{y}\}$$

$$=\frac{1}{2}\sqrt{y}+\frac{1}{4}\sqrt{y}=\frac{3}{4}\sqrt{y},$$

$$f_Y(y)=\frac{3}{8\sqrt{y}};$$

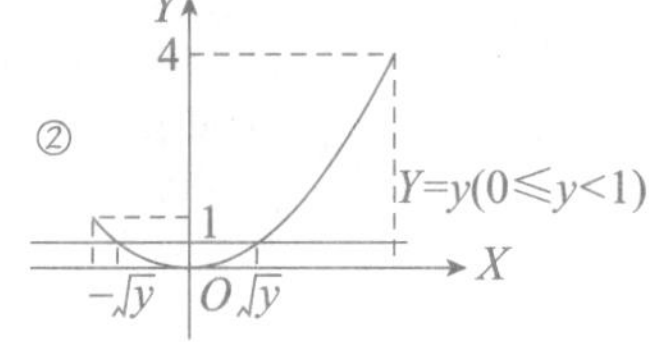

③当 $1\leqslant y<4$ 时，

$$F_Y(y)=P\{-1\leqslant X<0\}+P\{0\leqslant X\leqslant\sqrt{y}\}=\frac{1}{2}+\frac{1}{4}\sqrt{y},\quad f_Y(y)=\frac{1}{8\sqrt{y}};$$

④当 $y\geqslant 4$ 时，$F_Y(y)=1$，$f_Y(y)=0$．

故 Y 的概率密度为

$$f_Y(y)=\begin{cases}\dfrac{3}{8\sqrt{y}}, & 0<y<1,\\ \dfrac{1}{8\sqrt{y}}, & 1<y<4,\\ 0, & 其他.\end{cases}$$

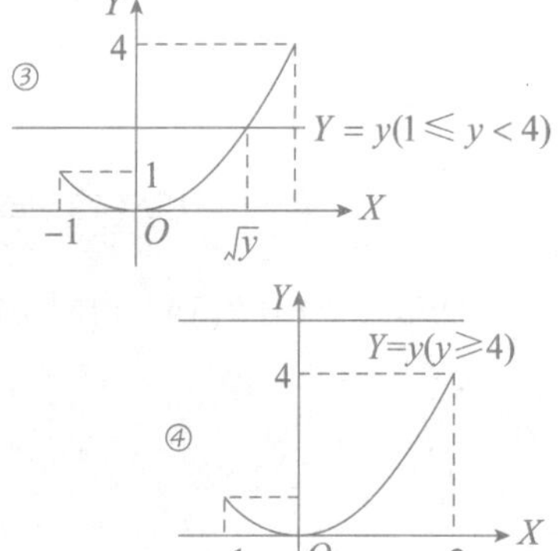

例 3.4　设随机变量 X 的分布函数 $F_X(x)$ 是严格单调增加函数，其反函数 $F_X^{-1}(y)$ 存在，$Y=F_X(X)$．证明：Y 服从区间（0,1）上的均匀分布．

【证】$Y=F_X(X)$ 是在区间（0,1）上取值的随机变量，故

当 $y<0$ 时，$F_Y(y)=0$；

当 $y\geqslant 1$ 时，$F_Y(y)=1$；

当 $0\leqslant y<1$ 时，

$$F_Y(y)=P\{Y\leqslant y\}=P\{F_X(X)\leqslant y\}=P\{X\leqslant F_X^{-1}(y)\}=F_X[F_X^{-1}(y)]=y.$$

综上所述，$Y=F_X(X)$ 的分布函数为

$$F_Y(y)=\begin{cases}0, & y<0,\\ y, & 0\leqslant y<1,\\ 1, & y\geqslant 1,\end{cases}$$

这就是在区间（0,1）上的均匀分布函数，所以 $Y\sim U(0,1)$．

【注】（1）题设条件中的“$F_X(x)$ 严格单调增加”是充分条件，事实上只需要 $F_X(x)$ 在 X 的正概率密度区间上严格单调增加即可，见例 3.5.

（2）本题是一个重要结论，即在满足 $F_X(x)$ 在 X 的正概率密度区间上严格单调增加时，若 $X\sim F_X(x)$，则 $Y=F_X(X)\sim U(0,1)$．这一结论考研中常用．

例 3.5　设随机变量 X 的概率密度为 $f(x)=\begin{cases}\dfrac{x}{2}, & 0<x<2,\\ 0, & 其他,\end{cases}$ $F(x)$ 为 X 的分布函数，EX 为 X 的数学期望，则 $P\{F(X)>EX-1\}=$________.

【解】应填 $\dfrac{2}{3}$．

法一　由题意知，

$$EX=\int_0^2 xf(x)\mathrm{d}x=\int_0^2\frac{x^2}{2}\mathrm{d}x=\frac{4}{3}.$$

由 $F(x)=\int_{-\infty}^{x}f(t)\mathrm{d}t$，得

$$F(x)=\begin{cases}0, & x<0,\\ \dfrac{x^2}{4}, & 0\leqslant x<2,\\ 1, & x\geqslant 2.\end{cases}$$

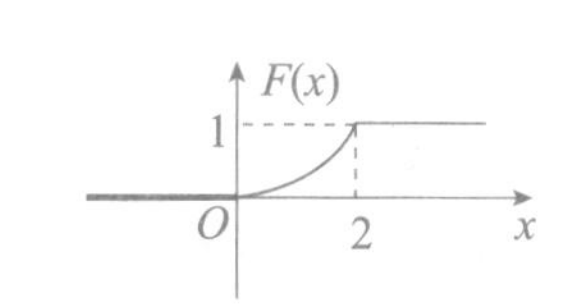

从而，

$$P\{F(X)>EX-1\}=P\left\{\frac{X^2}{4}>\frac{1}{3}\right\}=P\left\{2>X>\frac{2}{\sqrt{3}}\right\}=\int_{\frac{2}{\sqrt{3}}}^{2}\frac{x}{2}\mathrm{d}x=\frac{2}{3}.$$

法二　令 $Y=F(X)$，由例 3.4 可知，$Y\sim U(0,1)$，则

$$P\{F(X)>EX-1\}=P\left\{Y>\frac{1}{3}\right\}=\frac{2}{3}.$$

三 连续型→离散型

若 $X \sim f_X(x)$，且 $Y=g(X)$ 是离散型随机变量．首先确定 Y 的可能取值 a，然后通过计算概率 $P\{Y=a\}$ 求得 Y 的概率分布．

例 3.6 设随机变量 X 服从参数为 λ 的指数分布，令 $Y=[X]+1$（$[X]$ 为不超过 X 的最大整数），则 $P\{Y>5 \mid Y>2\}$ =________.

【解】应填 $e^{-3\lambda}$．

$X \sim E(\lambda)$，即 $F_X(x)=\begin{cases}1-e^{-\lambda x}, & x \geqslant 0,\\ 0, & x<0,\end{cases}$ X 的有效取值范围为 $[0,+\infty)$，故 $Y=[X]+1$ 的值域是 $\{1,2,3,\cdots\}$，Y 是离散型随机变量，则

$$\begin{aligned}P\{Y=k\} &= P\{[X]+1=k\}=P\{[X]=k-1\}=P\{k-1 \leqslant X<k\}\\ &=P\{X<k\}-P\{X<k-1\}=F_X(k)-F_X(k-1)=(1-e^{-\lambda k})-[1-e^{-\lambda(k-1)}]\\ &=e^{-\lambda(k-1)}-e^{-\lambda k}=(1-e^{-\lambda})(e^{-\lambda})^{k-1}\\ &=(1-e^{-\lambda})[1-(1-e^{-\lambda})]^{k-1},\end{aligned}$$

这是参数为 $p=1-e^{-\lambda}$ 的几何分布 $P\{X=k\}=(1-p)^{k-1}p$

其中 $k=1,2,\cdots$. 所以 Y 服从参数为 $1-e^{-\lambda}$ 的几何分布．

根据几何分布的无记忆性，得

$$\begin{aligned}&P\{Y>5 \mid Y>2\}=P\{Y>3\}=1-P\{Y \leqslant 3\}\\ &=1-\sum_{k=1}^{3}[1-(1-e^{-\lambda})]^{k-1} \cdot (1-e^{-\lambda})\\ &=1-(1-e^{-\lambda}) \cdot \sum_{k=1}^{3} e^{-\lambda(k-1)}\\ &=e^{-3\lambda}.\end{aligned}$$

第4讲 多维随机变量及其分布

知识结构

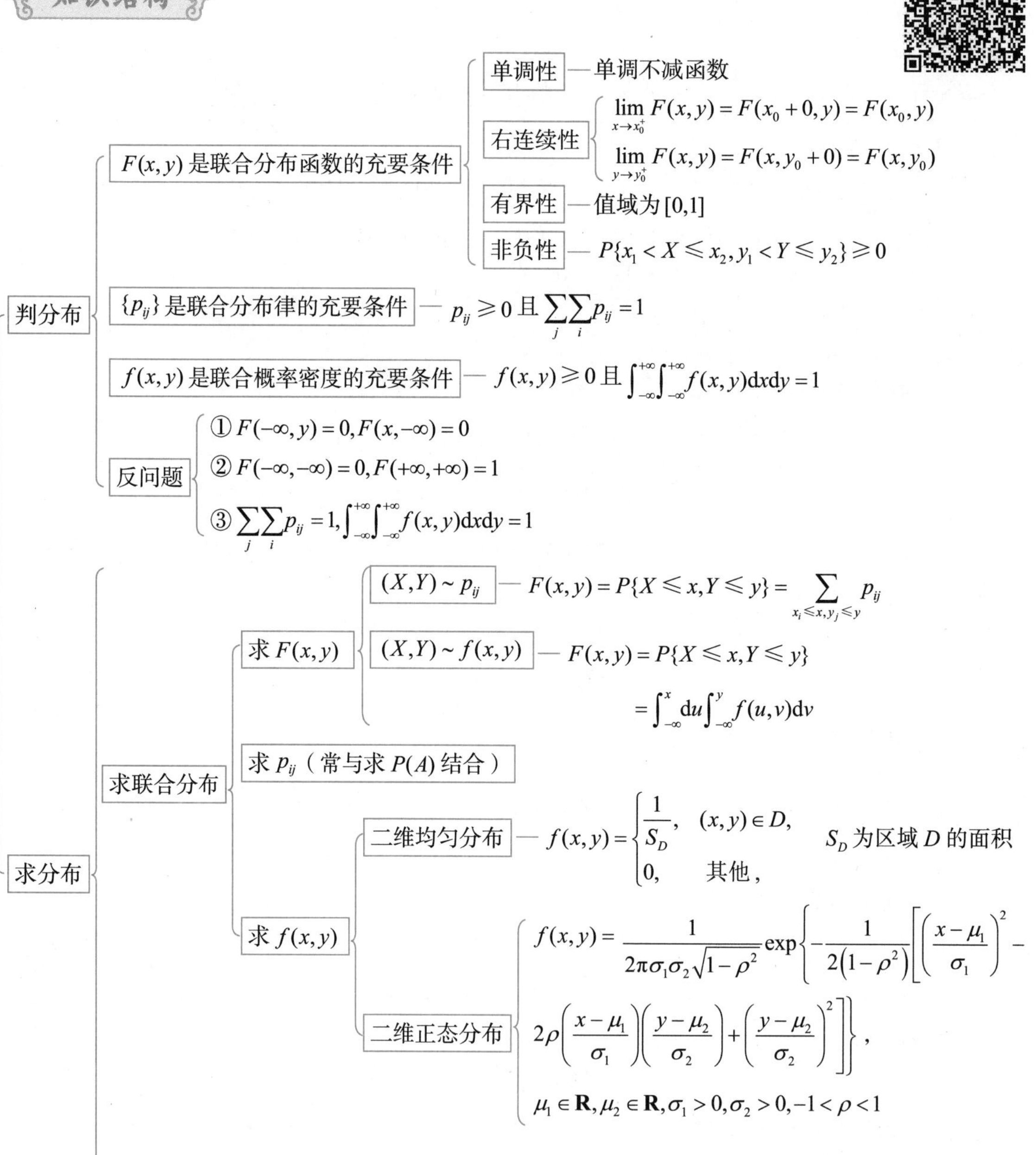

- 求分布
  - 求边缘分布
    - 求 $F_X(x), F_Y(y)$
      - $F_X(x)=F(x,+\infty)$
      - $F_Y(y)=F(+\infty,y)$
    - 求 $p_{i\cdot}, p_{\cdot j}$
      - $p_{i\cdot}=\sum\limits_j p_{ij}$
      - $p_{\cdot j}=\sum\limits_i p_{ij}$
    - 求 $f_X(x), f_Y(y)$
      - $f_X(x)=\int_{-\infty}^{+\infty} f(x,y)\mathrm{d}y$
      - $f_Y(y)=\int_{-\infty}^{+\infty} f(x,y)\mathrm{d}x$
  - 求条件分布
    - 求 $P\{Y=y_j \mid X=x_i\}$，$P\{X=x_i \mid Y=y_j\}$
      - $P\{Y=y_j \mid X=x_i\}=\dfrac{P\{X=x_i,Y=y_j\}}{P\{X=x_i\}}=\dfrac{p_{ij}}{p_{i\cdot}}$
      - $P\{X=x_i \mid Y=y_j\}=\dfrac{P\{X=x_i,Y=y_j\}}{P\{Y=y_j\}}=\dfrac{p_{ij}}{p_{\cdot j}}$
    - 求 $f_{Y|X}(y|x), f_{X|Y}(x|y)$
      - $f_{Y|X}(y|x)=\dfrac{f(x,y)}{f_X(x)}$
      - $f_{X|Y}(x|y)=\dfrac{f(x,y)}{f_Y(y)}$
  - 判独立
    - ①对任意 $x,y,F(x,y)=F_X(x)\cdot F_Y(y)$
    - ②对任意 $i,j,p_{ij}=p_{i\cdot}\ p_{\cdot j}$
    - ③联合分布律的每行元素对应成比例
    - ④对任意 $x,y,f(x,y)=f_X(x)f_Y(y)$
    - ⑤若 $f(x,y)$ 的非零区域是矩形，且 $f(x,y)$ 能分解成仅含 x,y 的两个一元函数的乘积，则 X 与 Y 独立.
    - ⑥若 $X_1,X_2,\cdots,X_n$ 相互独立，则其任意 k 个随机变量也相互独立，且其函数 $g_1(X_1),g_2(X_2),\cdots,g_n(X_n)$ 也相互独立
- 用分布
  - ① $(X,Y)\sim p_{ij}$，则 $P\{(X,Y)\in D\}=\sum\limits_{(x_i,y_j)\in D} p_{ij}$
  - ② $(X,Y)\sim f(x,y)$，则 $P\{(X,Y)\in D\}=\iint\limits_D f(x,y)\mathrm{d}x\mathrm{d}y$
  - ③ (X,Y) 为混合型，则用全概率公式
  - ④反问题：已知概率反求参数

一 判分布

对任意的实数 x，y，称二元函数

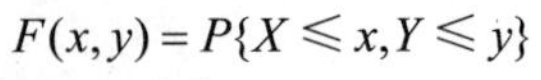

$$F(x,y)=P\{X\leqslant x,Y\leqslant y\}$$

为二维随机变量 (X,Y) 的**分布函数**，记为 $(X,Y)\sim F(x,y)$．$F(x,y)$ 是事件 $A=\{X\leqslant x\}$ 与 $B=\{Y\leqslant y\}$ 同时发生的概率．

（1）$F(x,y)$ 是联合分布函数的充要条件．

①单调性 $F(x,y)$ 是 x，y 的单调不减函数：

类似"偏"导数处．固定一个字母，看另一个字母的变化

当 $x_1 < x_2$ 时，$F(x_1,y) \leqslant F(x_2,y)$；当 $y_1 < y_2$ 时，$F(x,y_1) \leqslant F(x,y_2)$.

②右连续性 $F(x,y)$ 是 x，y 的右连续函数：

$$\lim_{x \to x_0^+} F(x,y) = F(x_0+0,y) = F(x_0,y);$$

$$\lim_{y \to y_0^+} F(x,y) = F(x,y_0+0) = F(x,y_0) .$$

③有界性 $F(-\infty,y) = F(x,-\infty) = F(-\infty,-\infty) = 0$，$F(+\infty,+\infty) = 1$.

④非负性 对任意 $x_1 < x_2$，$y_1 < y_2$，有

$$P\{x_1 < X \leqslant x_2, y_1 < Y \leqslant y_2\} = F(x_2,y_2) - F(x_2,y_1) - F(x_1,y_2) + F(x_1,y_1) \geqslant 0 .$$

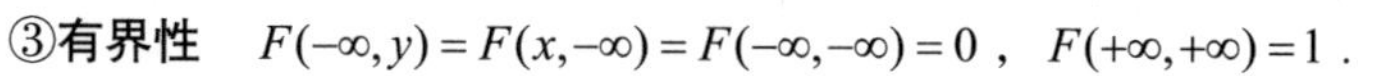

y, y_2, y_1, D_0, x_1, x_2, x

（2）$\{p_{ij}\}$ 是联合分布律的充要条件 .

如果二维随机变量 (X,Y) 只能取有限对值或可列无限对值 (x_1,y_1)，(x_1,y_2)，…，(x_n,y_n)，…，则称 (X,Y) 为**二维离散型随机变量** .

称 $$p_{ij} = P\{X = x_i, Y = y_j\}，i，j = 1，2，\cdots$$

为 (X,Y) 的**分布律**或称为随机变量 X 和 Y 的**联合分布律**，记为 $(X,Y) \sim p_{ij}$. 联合分布律常用表格形式表示 .

X \ Y	y_1	…	y_j	…	$P\{X = x_i\}$
x_1	p_{11}	…	p_{1j}	…	$p_{1\cdot}$
⋮	⋮		⋮		⋮
x_i	p_{i1}	…	p_{ij}	…	$p_{i\cdot}$
⋮	⋮		⋮		⋮
$P\{Y = y_j\}$	$p_{\cdot 1}$	…	$p_{\cdot j}$	…	1

$\{p_{ij}\}$ 是联合分布律的充要条件为 $p_{ij} \geqslant 0$ 且 $\sum\limits_j \sum\limits_i p_{ij} = 1$.

（3）$f(x,y)$ 是联合概率密度的充要条件 .

如果二维随机变量 (X,Y) 的分布函数 $F(x,y)$ 可以表示为

$$F(x,y) = \int_{-\infty}^{y}\int_{-\infty}^{x} f(u,v)\mathrm{d}u\mathrm{d}v，\quad (x,y) \in \mathbf{R}^2，$$

其中 $f(x,y)$ 是非负可积函数，则称 (X,Y) 为**二维连续型随机变量**，称 $f(x,y)$ 为 (X,Y) 的**概率密度**，记为 $(X,Y) \sim f(x,y)$.

$f(x,y)$ 是联合概率密度的充要条件为 $f(x,y) \geqslant 0$ 且 $\int_{-\infty}^{+\infty}\int_{-\infty}^{+\infty} f(x,y)\mathrm{d}x\mathrm{d}y = 1$.

（4）反问题（重点）.

用 $\begin{cases} F(-\infty,y) = 0, F(x,-\infty) = 0, \\ F(-\infty,-\infty) = 0, F(+\infty,+\infty) = 1, \\ \sum\limits_j \sum\limits_i p_{ij} = 1, \int_{-\infty}^{+\infty}\int_{-\infty}^{+\infty} f(x,y)\mathrm{d}x\mathrm{d}y = 1 \end{cases}$ 建方程，求参数 .

二 求分布

（1）求联合分布 .

①求 $F(x,y)$.

a. $(X,Y) \sim p_{ij}$，则

$$F(x,y)=P\{X \leqslant x, Y \leqslant y\}=\sum_{x_i \leqslant x, y_j \leqslant y} p_{ij} .$$

b. $(X,Y) \sim f(x,y)$，则

$$F(x,y)=P\{X \leqslant x, Y \leqslant y\}=\int_{-\infty}^{x} \mathrm{d}u \int_{-\infty}^{y} f(u,v) \mathrm{d}v .$$

②求 p_{ij}（常与求 $P(A)$ 结合）.

③求 $f(x,y)$.

a. 二维均匀分布.

称 (X,Y) 在平面有界区域 D 上服从**均匀分布**，如果 (X,Y) 的概率密度为

$$f(x,y)=\begin{cases}\dfrac{1}{S_D}, & (x,y) \in D, \\ 0, & \text{其他},\end{cases}$$

其中 S_D 为区域 D 的面积.

b. 二维正态分布.

如果 (X,Y) 的概率密度为

$$f(x,y)=\frac{1}{2\pi\sigma_1\sigma_2\sqrt{1-\rho^2}} \exp\left\{-\frac{1}{2\left(1-\rho^2\right)}\left[\left(\frac{x-\mu_1}{\sigma_1}\right)^2-2\rho\left(\frac{x-\mu_1}{\sigma_1}\right)\left(\frac{y-\mu_2}{\sigma_2}\right)+\left(\frac{y-\mu_2}{\sigma_2}\right)^2\right]\right\},$$

其中 $\mu_1 \in \mathbf{R}$，$\mu_2 \in \mathbf{R}$，$\sigma_1>0$，$\sigma_2>0$，$-1<\rho<1$，则称 (X,Y) 服从参数为 μ_1，μ_2，σ_1^2，σ_2^2，ρ 的**二维正态分布**，记为 $(X,Y) \sim N(\mu_1,\mu_2;\sigma_1^2,\sigma_2^2;\rho)$. 注意参数位置顺序.

【注】有下面6条重要结论.

①若 $(X_1,X_2) \sim N(\mu_1,\mu_2;\sigma_1^2,\sigma_2^2;\rho)$，则

$$X_1 \sim N(\mu_1,\sigma_1^2),\quad X_2 \sim N(\mu_2,\sigma_2^2) .$$

②若 $X_1 \sim N(\mu_1,\sigma_1^2)$，$X_2 \sim N(\mu_2,\sigma_2^2)$ 且 X_1，X_2 相互独立，则

$$(X_1,X_2) \sim N(\mu_1,\mu_2;\sigma_1^2,\sigma_2^2;0) .$$

独立 $\Rightarrow$ 不相关，故 $\rho=0$

恰好说明：联合分布 $\Rightarrow$ 边缘分布，$\not\Leftarrow$

③ $(X_1,X_2) \sim N \Rightarrow k_1X_1+k_2X_2 \sim N$（$k_1$，$k_2$ 是不全为0的常数）.

④ $(X_1,X_2) \sim N$，$Y_1=a_1X_1+a_2X_2$，$Y_2=b_1X_1+b_2X_2$，且

$$\begin{vmatrix} a_1 & a_2 \\ b_1 & b_2 \end{vmatrix} \neq 0 \Rightarrow (Y_1,Y_2) \sim N .$$

$\begin{bmatrix} Y_1 \\ Y_2 \end{bmatrix}=\boldsymbol{C}\begin{bmatrix} X_1 \\ X_2 \end{bmatrix}$，$\boldsymbol{C}=\begin{bmatrix} a_1 & a_2 \\ b_1 & b_2 \end{bmatrix}$，为可逆线性变换矩阵

⑤ $(X_1,X_2) \sim N$，则 X_1，X_2 相互独立 $\Leftrightarrow X_1$，X_2 不相关.

以上5条可推广至有限个随机变量的情形.

⑥ $(X,Y) \sim N$，则 $f_{X|Y}(x|y) \sim N$，$f_{Y|X}(y|x) \sim N$（二维正态分布的条件分布仍是正态分布）.

（2）求边缘分布.

①求 $F_X(x)$，$F_Y(y)$.

$$F_X(x)=F(x,+\infty),\quad F_Y(y)=F(+\infty,y) .$$

②求 $p_{i\cdot}$，$p_{\cdot j}$.

$$p_{i\cdot}=\sum_j p_{ij}\ ,\quad p_{\cdot j}=\sum_i p_{ij}\ .$$

③求 $f_X(x)$，$f_Y(y)$.

$$f_X(x)=\int_{-\infty}^{+\infty}f(x,y)\mathrm{d}y\ ,\quad f_Y(y)=\int_{-\infty}^{+\infty}f(x,y)\mathrm{d}x\ .$$

（3）求条件分布.

①求 $P\{Y=y_j\mid X=x_i\}$，$P\{X=x_i\mid Y=y_j\}$.

$$P\{Y=y_j\mid X=x_i\}=\frac{P\{X=x_i,Y=y_j\}}{P\{X=x_i\}}=\frac{p_{ij}}{p_{i\cdot}}\ ,$$

$$P\{X=x_i\mid Y=y_j\}=\frac{P\{X=x_i,Y=y_j\}}{P\{Y=y_j\}}=\frac{p_{ij}}{p_{\cdot j}}\ .$$

②求 $f_{Y|X}(y\mid x)$，$f_{X|Y}(x\mid y)$.

$$f_{Y|X}(y\mid x)=\frac{f(x,y)}{f_X(x)}\ ,\quad f_{X|Y}(x\mid y)=\frac{f(x,y)}{f_Y(y)}\ .$$

联立得 $\dfrac{f_{X|Y}(x\mid y)}{f_{Y|X}(y\mid x)}=\dfrac{f_X(x)}{f_Y(y)}$，可记住此公式.

【注】（1）联合 = 边缘 × 条件，亦常考. 如 $f(x,y)=f_{Y|X}(y\mid x)f_X(x)$.
（2）以上式子，所有分母均不为零.

（4）判独立.

① X 与 Y 相互独立 $\Leftrightarrow$ 对任意 x，y，$F(x,y)=F_X(x)\cdot F_Y(y)$.

X,Y 不独立 $\Leftrightarrow$ 存在 x_0,y_0，使 $A=\{X\leqslant x_0\}$ 与 $B=\{Y\leqslant y_0\}$ 不独立，即 $F(x_0,y_0)\neq F_X(x_0)\cdot F_Y(y_0)$.

因此，证明不独立的常用方法：找 x_0,y_0，使 $0<P\{X\leqslant x_0\},P\{Y\leqslant y_0\}<1$,

$$\{X\leqslant x_0\}\subset\{Y\leqslant y_0\}\text{ 或 }\{Y\leqslant y_0\}\subset\{X\leqslant x_0\}\text{ 或 }\{X\leqslant x_0,\ Y\leqslant y_0\}=\varnothing\ .$$

②若 (X,Y) 为二维离散型随机变量，X 与 Y 相互独立 $\Leftrightarrow$ 对任意 i，j，$p_{ij}=p_{i\cdot}p_{\cdot j}$.

③由②知，(X,Y) 的分布律为

X \ Y	y_1	y_2	y_3	$p_{i\cdot}$
x_1	p_{11}	p_{12}	p_{13}	$p_{1\cdot}$
x_2	p_{21}	p_{22}	p_{23}	$p_{2\cdot}$
$p_{\cdot j}$	$p_{\cdot 1}$	$p_{\cdot 2}$	$p_{\cdot 3}$	1

其中 $p_{ij}\neq 0,i=1,2,j=1,2,3$，且满足 $\begin{bmatrix}p_{1\cdot}\\p_{2\cdot}\end{bmatrix}[p_{\cdot 1}\quad p_{\cdot 2}\quad p_{\cdot 3}]=\begin{bmatrix}p_{11}&p_{12}&p_{13}\\p_{21}&p_{22}&p_{23}\end{bmatrix}$，即

$$\frac{p_{11}}{p_{21}}=\frac{p_{12}}{p_{22}}=\frac{p_{13}}{p_{23}}\ .$$

又以上过程可逆，故可有重要结论：当 $p_{ij}\neq 0$ 时，X，Y 独立 $\Leftrightarrow$ 联合分布律的每行元素对应成比例. 故可由联合分布律的每行元素是否对应成比例来判断 X，Y 是否独立.

④若 (X,Y) 为二维连续型随机变量，X 与 Y 相互独立 $\Leftrightarrow$ 对任意 x，y，$f(x,y)=f_X(x)f_Y(y)$.

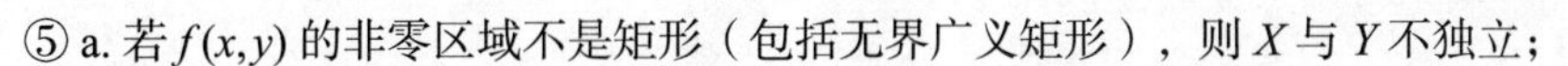

⑤ a. 若 $f(x,y)$ 的非零区域不是矩形（包括无界广义矩形），则 X 与 Y 不独立；

b. 若 $f(x,y)$ 不能分解成仅含 x,y 的两个一元函数的乘积，则 X 与 Y 不独立；

c. 若 $f(x,y)$ 的非零区域是矩形，且 $f(x,y)$ 能分解成仅含 x,y 的两个一元函数的乘积，则 X 与 Y 独立 .

⑥ a. 若 $X_1, X_2, \cdots, X_n$ 相互独立，则其中任意 $k(2 \leqslant k \leqslant n)$ 个随机变量也相互独立；

b. 若 $X_1, X_2, \cdots, X_n$ 相互独立，则其函数 $g_1(X_1), g_2(X_2), \cdots, g_n(X_n)$ 也相互独立 .

用分布求概率及反问题 .

① $(X,Y) \sim p_{ij}$，则 $P\{(X,Y) \in D\} = \sum\limits_{(x_i, y_j) \in D} p_{ij}$.

② $(X,Y) \sim f(x,y)$，则 $P\{(X,Y) \in D\} = \iint\limits_D f(x,y) \mathrm{d}x\mathrm{d}y$.

③ (X,Y) 为混合型，则用全概率公式 .

④反问题：已知概率反求参数 .

例 4.1 设二维随机变量 (X,Y) 的分布律为

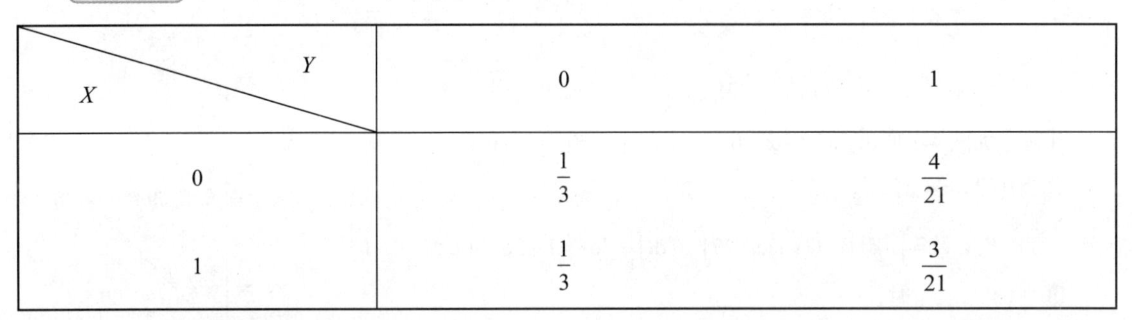

X \ Y	0	1
0	$\frac{1}{3}$	$\frac{4}{21}$
1	$\frac{1}{3}$	$\frac{3}{21}$

求 (X,Y) 的分布函数 $F(x,y)$.

【解】(X,Y) 所有可能取值点为 $(0,0)$，$(1,0)$，$(0,1)$，$(1,1)$. 由此可将平面划分为五个区域 . 由图 4-1 易知，

> 对于离散型，用集中点和坐标系划分出区域 .
> 划分方式：以所有的点为起点，向上向右划分区域

图 4-1

①当 $x<0$ 或 $y<0$ 时，$F(x,y)=0$ ；

②当 $0 \leqslant x<1$，$0 \leqslant y<1$ 时，

$$F(x,y) = P\{X=0, Y=0\} = \frac{1}{3} ;$$

③当 $0 \leqslant x<1$，$y \geqslant 1$ 时，

$$F(x,y) = P\{X=0, Y=0\} + P\{X=0, Y=1\} = \frac{11}{21} ;$$

④当 $x \geqslant 1$，$0 \leqslant y<1$ 时，

$$F(x,y) = P\{X=0, Y=0\} + P\{X=1, Y=0\} = \frac{2}{3} ;$$

⑤当 $x \geqslant 1$，$y \geqslant 1$ 时，$F(x,y)=1$.

所以 (X,Y) 的分布函数为

$$F(x,y)=\begin{cases}0, & x<0\text{或}y<0,\\ \dfrac{1}{3}, & 0\leqslant x<1,0\leqslant y<1,\\ \dfrac{11}{21}, & 0\leqslant x<1,y\geqslant 1,\\ \dfrac{2}{3}, & x\geqslant 1,0\leqslant y<1,\\ 1, & x\geqslant 1,y\geqslant 1.\end{cases}$$

例 4.2 已知二维随机变量 (X,Y) 的概率密度为

$$f(x,y)=\begin{cases}2\mathrm{e}^{-(x+y)}, & 0<x<y,\\ 0, & \text{其他},\end{cases}$$

求 (X,Y) 的分布函数 $F(x,y)$.

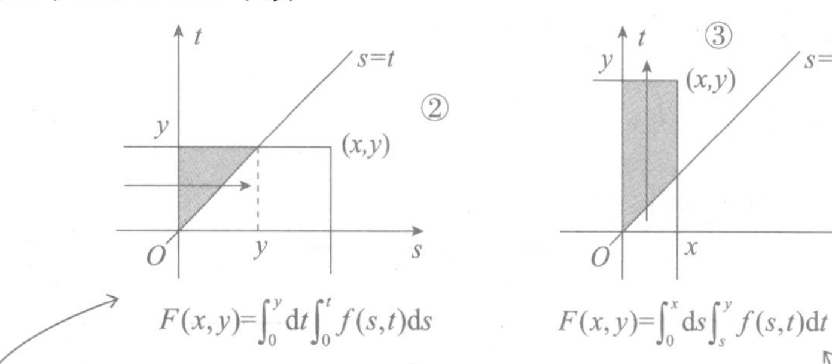

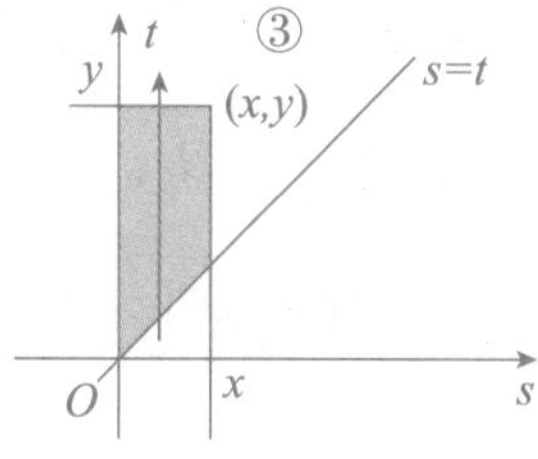

【解】如图 4-2 所示，①当 $x<0$ 或 $y<0$ 时，$F(x,y)=0$;

②当 $0\leqslant y<x$ 时，

$$F(x,y)=\int_{-\infty}^{x}\mathrm{d}s\int_{-\infty}^{y}f(s,t)\mathrm{d}t=2\int_0^y\mathrm{e}^{-t}\mathrm{d}t\int_0^t\mathrm{e}^{-s}\mathrm{d}s=1-2\mathrm{e}^{-y}+\mathrm{e}^{-2y};$$

③当 $0\leqslant x\leqslant y$ 时，

$$F(x,y)=\int_{-\infty}^{x}\mathrm{d}s\int_{-\infty}^{y}f(s,t)\mathrm{d}t=2\int_0^x\mathrm{e}^{-s}\mathrm{d}s\int_s^y\mathrm{e}^{-t}\mathrm{d}t$$
$$=1-2\mathrm{e}^{-y}-\mathrm{e}^{-2x}+2\mathrm{e}^{-(x+y)}.$$

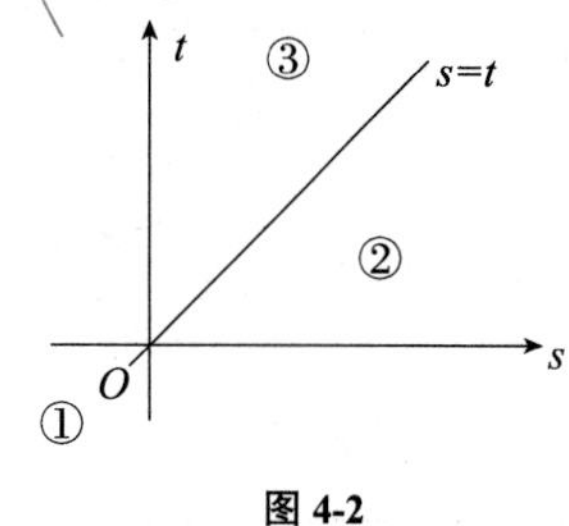

图 4-2

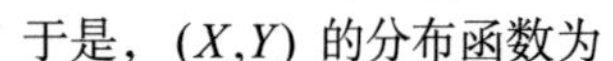

于是，(X,Y) 的分布函数为

$$F(x,y)=\begin{cases}0, & x<0\text{或}y<0,\\ 1-2\mathrm{e}^{-y}+\mathrm{e}^{-2y}, & 0\leqslant y<x,\\ 1-2\mathrm{e}^{-y}-\mathrm{e}^{-2x}+2\mathrm{e}^{-(x+y)}, & 0\leqslant x\leqslant y.\end{cases}$$

例 4.3 下列表格给出了二维随机变量 (X,Y) 的分布律和边缘分布的部分值，并已知 (X,Y) 的分布函数为 $F(x,y)$，$F\left(\dfrac{1}{2},\dfrac{1}{2}\right)=0.2$，且 EY=0，求下表中 a，b，c，d 的值.

Y / X	-1	0	1	$P\{X=x_i\}$
-1	a	b	0.2	$a+b+0.2$
1	0.1	c	d	$c+d+0.1$
$P\{Y=y_j\}$	0.2	$b+c$	$0.2+d$	1

【解】 $a=0.2-0.1=0.1$，$EY=-0.2+0.2+d=d=0$，

$$F\left(\frac{1}{2},\frac{1}{2}\right)=P\left\{X\leqslant\frac{1}{2},Y\leqslant\frac{1}{2}\right\}=P\{X=-1,Y=-1\}+P\{X=-1,Y=0\}$$

$$=a+b=0.1+b=0.2,$$

故 b=0.1. 又由 0.2+b+c+0.2+d=1，得 c=0.5.

例 4.4 袋中有编号为 1，1，2，3 的四个球，现从中无放回地取两次，每次取一个，设 X_1，X_2 分别为第一次、第二次取到的球的号码，求 (X_1,X_2) 的分布律，并判断 X_1 与 X_2 的独立性.

【解】X_1 与 X_2 可能的取值为 1，2，3，则 $= P\{X_1=1\}P\{X_2=1\mid X_1=1\}$

$$p_{11}=P\{X_1=1,X_2=1\}=\frac{2}{4}\times\frac{1}{3}=\frac{1}{6}，\quad p_{12}=P\{X_1=1,X_2=2\}=\frac{2}{4}\times\frac{1}{3}=\frac{1}{6}，$$

$$p_{13}=P\{X_1=1,X_2=3\}=\frac{2}{4}\times\frac{1}{3}=\frac{1}{6}，\quad p_{21}=P\{X_1=2,X_2=1\}=\frac{1}{4}\times\frac{2}{3}=\frac{1}{6}，$$

$$p_{22}=0，\quad p_{23}=P\{X_1=2,X_2=3\}=\frac{1}{4}\times\frac{1}{3}=\frac{1}{12}，$$

$$p_{31}=P\{X_1=3,X_2=1\}=\frac{1}{4}\times\frac{2}{3}=\frac{1}{6}，$$

$$p_{32}=P\{X_1=3,X_2=2\}=\frac{1}{4}\times\frac{1}{3}=\frac{1}{12}，\quad p_{33}=0 .$$

于是 (X_1,X_2) 的分布律为

X_1 \ X_2	1	2	3	$p_{i\cdot}$
1	$\frac{1}{6}$	$\frac{1}{6}$	$\frac{1}{6}$	$\frac{1}{2}$
2	$\frac{1}{6}$	0	$\frac{1}{12}$	$\frac{1}{4}$
3	$\frac{1}{6}$	$\frac{1}{12}$	0	$\frac{1}{4}$
$p_{\cdot j}$	$\frac{1}{2}$	$\frac{1}{4}$	$\frac{1}{4}$	1

因为 $p_{11}\neq p_{\cdot 1}\cdot p_{1\cdot}$，所以 X_1 与 X_2 不相互独立.

例 4.5 设二维随机变量 (X,Y) 的概率密度为

$$f(x,y)=A\mathrm{e}^{-2x^2+2xy-y^2}，\quad -\infty<x<+\infty，\quad -\infty<y<+\infty，$$

求常数 A 及条件概率密度 $f_{Y|X}(y\mid x)$.

【解】因为

$$f_X(x)=\int_{-\infty}^{+\infty}f(x,y)\mathrm{d}y=A\int_{-\infty}^{+\infty}\mathrm{e}^{-2x^2+2xy-y^2}\mathrm{d}y$$

$$=A\int_{-\infty}^{+\infty}\mathrm{e}^{-(y-x)^2-x^2}\mathrm{d}y=A\mathrm{e}^{-x^2}\int_{-\infty}^{+\infty}\mathrm{e}^{-(y-x)^2}\mathrm{d}y\left(\int_0^{+\infty}\mathrm{e}^{-x^2}\mathrm{d}x=\frac{\sqrt{\pi}}{2}\right)$$

$$=A\sqrt{\pi}\mathrm{e}^{-x^2}，\quad -\infty<x<+\infty，$$

所以

$$1=\int_{-\infty}^{+\infty} f_X(x)\mathrm{d}x = A\sqrt{\pi}\int_{-\infty}^{+\infty} \mathrm{e}^{-x^2}\mathrm{d}x = A\pi ,$$

故 $A=\dfrac{1}{\pi}$.

当 $x\in(-\infty,+\infty)$ 时,

$$f_{Y|X}(y\mid x)=\frac{f(x,y)}{f_X(x)}=\frac{\frac{1}{\pi}\mathrm{e}^{-2x^2+2xy-y^2}}{\frac{1}{\sqrt{\pi}}\mathrm{e}^{-x^2}}=\frac{1}{\sqrt{\pi}}\mathrm{e}^{-x^2+2xy-y^2}=\frac{1}{\sqrt{\pi}}\mathrm{e}^{-(x-y)^2} ,\quad -\infty<y<+\infty .$$

例 4.6 设二维正态随机变量 (X,Y) 的概率密度为 $f(x,y)$，已知条件概率密度 $f_{X|Y}(x\mid y)=\sqrt{\dfrac{2}{3\pi}}\mathrm{e}^{-\frac{2}{3}\left(x-\frac{y}{2}\right)^2}$ 和 $f_{Y|X}(y\mid x)=\sqrt{\dfrac{2}{3\pi}}\mathrm{e}^{-\frac{2}{3}\left(y-\frac{x}{2}\right)^2}$ ，则 $f(x,y)$ =________.

【分析】由于 $f_{X|Y}(x\mid y)=\dfrac{f(x,y)}{f_Y(y)}$ ， $f_{Y|X}(y\mid x)=\dfrac{f(x,y)}{f_X(x)}$ ，则 $\dfrac{f_{X|Y}(x\mid y)}{f_{Y|X}(y\mid x)}=\dfrac{f_X(x)}{f_Y(y)}$，从而将 x，y 的函数分离 . 再由 $f(x,y)=f_{X|Y}(x\mid y)\cdot f_Y(y)$ 即可求得 $f(x,y)$.

【解】应填 $\dfrac{1}{\sqrt{3}\pi}\mathrm{e}^{-\frac{2}{3}(x^2-xy+y^2)}$.

由于

$$\frac{f_{X|Y}(x\mid y)}{f_{Y|X}(y\mid x)}=\frac{f_X(x)}{f_Y(y)}=\mathrm{e}^{-\frac{2}{3}\left[\left(x^2-xy+\frac{y^2}{4}\right)-\left(y^2-xy+\frac{x^2}{4}\right)\right]}=\mathrm{e}^{-\frac{x^2-y^2}{2}}=\frac{\mathrm{e}^{-\frac{x^2}{2}}}{\mathrm{e}^{-\frac{y^2}{2}}} ,$$

且二维正态分布的两个边缘分布都是正态分布的形式，故可令 $f_X(x)=C\mathrm{e}^{-\frac{x^2}{2}}$ ，$f_Y(y)=C\mathrm{e}^{-\frac{y^2}{2}}$ ，C 为常数 . 由 $\int_{-\infty}^{+\infty} f_X(x)\mathrm{d}x=1$ ，$\int_{-\infty}^{+\infty} f_Y(y)\mathrm{d}y=1$ ，得 $C=\dfrac{1}{\sqrt{2\pi}}$ ，即 $f_X(x)=\dfrac{1}{\sqrt{2\pi}}\mathrm{e}^{-\frac{x^2}{2}}$ ，$f_Y(y)=\dfrac{1}{\sqrt{2\pi}}\mathrm{e}^{-\frac{y^2}{2}}$. 故

$$f(x,y)=f_{X|Y}(x\mid y)\cdot f_Y(y)=\sqrt{\frac{2}{3\pi}}\mathrm{e}^{-\frac{2}{3}\left(x-\frac{y}{2}\right)^2}\cdot\frac{1}{\sqrt{2\pi}}\mathrm{e}^{-\frac{y^2}{2}}=\frac{1}{\sqrt{3}\pi}\mathrm{e}^{-\frac{2}{3}(x^2-xy+y^2)} .$$

例 4.7 已知二维随机变量 (X,Y) 在以点 $(0,0)$ ，$(1,-1)$ ，$(1,1)$ 为顶点的三角形区域上服从均匀分布 .

（1）求边缘概率密度 $f_X(x)$ ，$f_Y(y)$ 及条件概率密度 $f_{X|Y}(x\mid y)$ ，$f_{Y|X}(y\mid x)$ ，并判断 X 与 Y 是否独立;

（2）计算概率 $P\left\{X>\dfrac{1}{2}\middle|Y>0\right\}$， $P\left\{X>\dfrac{1}{2}\middle|Y=\dfrac{1}{4}\right\}$.

【解】直接应用公式计算，但要注意非零区域（见图 4-3）.

由于以 $(0,0)$，$(1,-1)$ ，$(1,1)$ 为顶点的三角形的面积为

$$\frac{1}{2}\times 1\times 2=1 ,$$

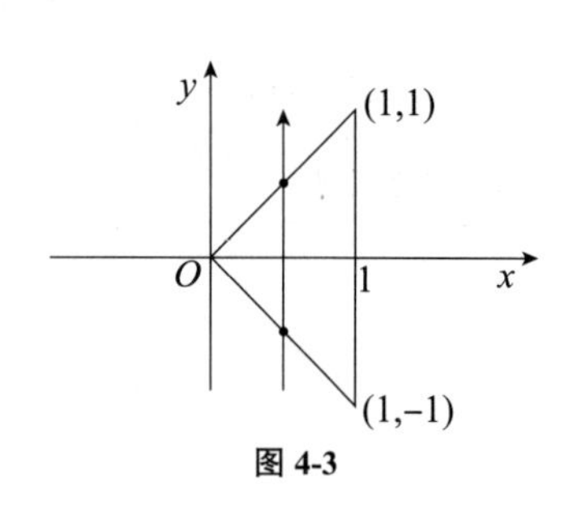

图 4-3

故

$$f(x,y)=\begin{cases}1, & 0\leqslant x\leqslant 1,|y|<x,\\ 0, & 其他.\end{cases}$$

（1）$f_X(x)=\int_{-\infty}^{+\infty} f(x,y)\mathrm{d}y=\begin{cases}\int_{-x}^{x}\mathrm{d}y=2x, & 0\leqslant x\leqslant 1,\\ 0, & 其他.\end{cases}$

求边缘概率密度的口诀：
求谁不积谁，
不积先定限，
限内画条线，
先交写下限，
后交写上限．

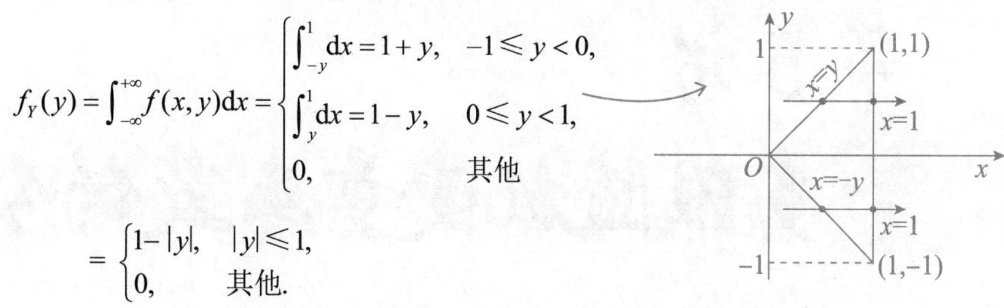

$$f_Y(y)=\int_{-\infty}^{+\infty}f(x,y)\mathrm{d}x=\begin{cases}\int_{-y}^{1}\mathrm{d}x=1+y, & -1\leqslant y<0,\\ \int_{y}^{1}\mathrm{d}x=1-y, & 0\leqslant y<1,\\ 0, & 其他\end{cases}$$

$$=\begin{cases}1-|y|, & |y|\leqslant 1,\\ 0, & 其他.\end{cases}$$

$$f_{X|Y}(x|y)=\frac{f(x,y)}{f_Y(y)}=\begin{cases}\dfrac{1}{1-|y|}, & |y|<x\leqslant 1,\\ 0, & 其他.\end{cases}$$

$$f_{Y|X}(y|x)=\frac{f(x,y)}{f_X(x)}=\begin{cases}\dfrac{1}{2x}, & |y|<x\leqslant 1,\\ 0, & 其他.\end{cases}$$

由于 $f_X(x)f_Y(y)\neq f(x,y)$，故 X 与 Y 不独立．

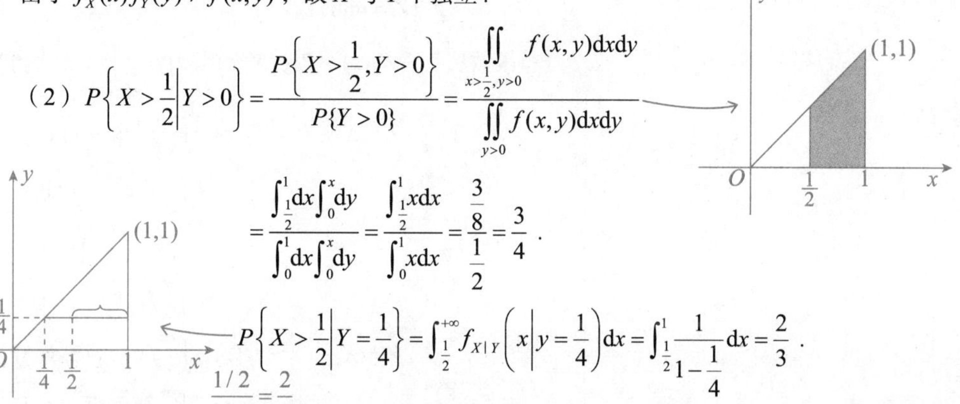

（2）$P\left\{X>\frac{1}{2}\middle|Y>0\right\}=\dfrac{P\left\{X>\frac{1}{2},Y>0\right\}}{P\{Y>0\}}=\dfrac{\iint\limits_{x>\frac{1}{2},y>0}f(x,y)\mathrm{d}x\mathrm{d}y}{\iint\limits_{y>0}f(x,y)\mathrm{d}x\mathrm{d}y}$

$$=\frac{\int_{\frac{1}{2}}^{1}\mathrm{d}x\int_0^x\mathrm{d}y}{\int_0^1\mathrm{d}x\int_0^x\mathrm{d}y}=\frac{\int_{\frac{1}{2}}^{1}x\mathrm{d}x}{\int_0^1 x\mathrm{d}x}=\frac{\frac{3}{8}}{\frac{1}{2}}=\frac{3}{4}.$$

$$P\left\{X>\frac{1}{2}\middle|Y=\frac{1}{4}\right\}=\int_{\frac{1}{2}}^{+\infty}f_{X|Y}\left(x\middle|y=\frac{1}{4}\right)\mathrm{d}x=\int_{\frac{1}{2}}^{1}\frac{1}{1-\frac{1}{4}}\mathrm{d}x=\frac{2}{3}.$$

$\dfrac{1/2}{3/4}=\dfrac{2}{3}$

【注】由于 $f(x,y)$ = 常数，因此可以利用面积计算概率．

例 4.8 已知随机变量 X 与 Y 相互独立，X 服从参数为 λ 的指数分布，$P\{Y=-1\}=\dfrac{1}{4}$，$P\{Y=1\}=\dfrac{3}{4}$，则概率 $P\{XY\leqslant 2\}$ =________.

【解】应填 $1-\dfrac{3}{4}\mathrm{e}^{-2\lambda}$．

已知 $X\sim f(x)=\begin{cases}\lambda\mathrm{e}^{-\lambda x}, & x>0,\\ 0, & x\leqslant 0,\end{cases}$ $P\{Y=-1\}=\dfrac{1}{4}$，$P\{Y=1\}=\dfrac{3}{4}$，X 与 Y 独立，属于混合型问题，所以由全概率公式得

$$\begin{aligned}P\{XY\leqslant 2\}&=P\{XY\leqslant 2,Y=1\}+P\{XY\leqslant 2,Y=-1\}\\&=P\{X\leqslant 2,Y=1\}+P\{-X\leqslant 2,Y=-1\}\\&=P\{Y=1\}P\{X\leqslant 2\}+P\{Y=-1\}P\{X\geqslant -2\}\\&=\frac{3}{4}\int_0^2\lambda\mathrm{e}^{-\lambda x}\mathrm{d}x+\frac{1}{4}\int_0^{+\infty}\lambda\mathrm{e}^{-\lambda x}\mathrm{d}x=1-\frac{3}{4}\mathrm{e}^{-2\lambda}.\end{aligned}$$

第5讲 多维随机变量函数的分布

知识结构

多维→一维

- （离散型，离散型）→离散型
  - $(X,Y)\sim p_{ij},Z=g(X,Y)\Rightarrow Z$ 的分布律
  - $X\sim p_k,Y\sim q_k,\begin{cases}Z=X+Y\\Z=XY\\Z=\max\{X,Y\}\\Z=\min\{X,Y\}\end{cases}Z$ 的分布律
- （连续型，连续型）→连续型
  - 分布函数法 — $F_Z(z)=P\{g(X,Y)\leqslant z\}=\iint\limits_{g(x,y)\leqslant z}f(x,y)\mathrm{d}x\mathrm{d}y$
  - 卷积公式法
    - $Z=X+Y\Rightarrow f_Z(z)=\int_{-\infty}^{+\infty}f(x,z-x)\mathrm{d}x=\int_{-\infty}^{+\infty}f(z-y,y)\mathrm{d}y\overset{独立}{=\!=}\int_{-\infty}^{+\infty}f_X(x)f_Y(z-x)\mathrm{d}x=\int_{-\infty}^{+\infty}f_X(z-y)f_Y(y)\mathrm{d}y$
    - $Z=X-Y\Rightarrow f_Z(z)=\int_{-\infty}^{+\infty}f(x,x-z)\mathrm{d}x=\int_{-\infty}^{+\infty}f(y+z,y)\mathrm{d}y\overset{独立}{=\!=}\int_{-\infty}^{+\infty}f_X(x)f_Y(x-z)\mathrm{d}x=\int_{-\infty}^{+\infty}f_X(y+z)f_Y(y)\mathrm{d}y$
    - $Z=XY\Rightarrow f_Z(z)=\int_{-\infty}^{+\infty}\frac{1}{|x|}f\left(x,\frac{z}{x}\right)\mathrm{d}x=\int_{-\infty}^{+\infty}\frac{1}{|y|}f\left(\frac{z}{y},y\right)\mathrm{d}y\overset{独立}{=\!=}\int_{-\infty}^{+\infty}\frac{1}{|x|}f_X(x)f_Y\left(\frac{z}{x}\right)\mathrm{d}x=\int_{-\infty}^{+\infty}\frac{1}{|y|}f_X\left(\frac{z}{y}\right)f_Y(y)\mathrm{d}y$
    - $Z=\frac{X}{Y}\Rightarrow f_Z(z)=\int_{-\infty}^{+\infty}|y|f(yz,y)\mathrm{d}y\overset{独立}{=\!=}\int_{-\infty}^{+\infty}|y|f_X(yz)f_Y(y)\mathrm{d}y$
  - 最值分布
    - $P\{\max\{X,Y\}\leqslant z\}=P\{X\leqslant z,Y\leqslant z\}=F(z,z)$
    - $P\{\min\{X,Y\}\leqslant z\}=F_X(z)+F_Y(z)-F(z,z)$
- （离散型，连续型）→连续型 — $X\sim p_i,Y\sim f_Y(y),Z=g(X,Y)$

- 一维→多维
  - 离散型→（离散型，离散型）— $X \sim p_i$，$\begin{cases} U = g(X), \\ V = h(X) \end{cases} \Rightarrow (U,V) \sim q_{ij}$
  - 连续型→（离散型，离散型）— $X \sim f(x)$，$\begin{cases} U = g(X), \\ V = h(X) \end{cases} \Rightarrow (U,V) \sim p_{ij}$
- 多维→多维
  - （离散型，离散型）→（离散型，离散型）— $(X,Y) \sim p_{ij}$，$\begin{cases} U = g(X,Y), \\ V = h(X,Y) \end{cases} \Rightarrow (U,V) \sim q_{ij}$
  - （连续型，连续型）→（离散型，离散型）— $(X,Y) \sim f(x,y)$，$\begin{cases} U = g(X,Y), \\ V = h(X,Y) \end{cases} \Rightarrow (U,V) \sim p_{ij}$
  - （离散型，连续型）→（离散型，离散型）— $X \sim p_i$，$Y \sim f_Y(y)$，$\begin{cases} U = g(X,Y), \\ V = h(X,Y) \end{cases} \Rightarrow (U,V) \sim q_{ij}$

一 多维→一维

（1）（离散型，离散型）→离散型.

①$(X,Y) \sim p_{ij}$，$Z = g(X,Y) \Rightarrow Z \sim q_i$.

②$X \sim p_k$，$Y \sim q_k$，X，Y独立且取值在某一集合，可考$Z = X + Y$，XY，$\max\{X,Y\}$，$\min\{X,Y\}$等，这是重点，比如：

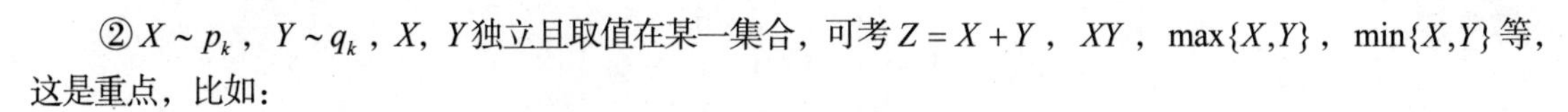

a. $Z = X + Y$，且X，Y独立并取非负整数，则

$$\begin{aligned} P\{Z=k\} &= P\{X+Y=k\} \\ &= P\{X=0\}P\{Y=k\} + P\{X=1\}P\{Y=k-1\} + \cdots + P\{X=k\}P\{Y=0\} \\ &= p_0 q_k + p_1 q_{k-1} + \cdots + p_k q_0，\quad k = 0，1，2，\cdots. \end{aligned}$$

b. $Z = \max\{X,Y\}$，且X，Y独立并取非负整数，则

$$\begin{aligned} P\{Z=k\} &= P\{\max\{X,Y\}=k\} \\ &= P\{X=k,Y=k\} + P\{X=k,Y=k-1\} + \cdots + P\{X=k,Y=0\} + \\ &\quad P\{X=k-1,Y=k\} + P\{X=k-2,Y=k\} + \cdots + P\{X=0,Y=k\} \\ &= p_k q_k + p_k q_{k-1} + \cdots + p_k q_0 + p_{k-1} q_k + p_{k-2} q_k + \cdots + p_0 q_k，\quad k = 0，1，2，\cdots. \end{aligned}$$

c. $Z = \min\{X,Y\}$，且X，Y独立，$0 \leqslant X$，$Y \leqslant l$，X，Y取整数时，

$$\begin{aligned} P\{Z=k\} &= P\{\min\{X,Y\}=k\} \\ &= P\{X=k,Y=k\} + P\{X=k,Y=k+1\} + \cdots + P\{X=k,Y=l\} + \\ &\quad P\{X=k+1,Y=k\} + P\{X=k+2,Y=k\} + \cdots + P\{X=l,Y=k\} \\ &= p_k q_k + p_k q_{k+1} + \cdots + p_k q_l + p_{k+1} q_k + p_{k+2} q_k + \cdots + p_l q_k，\quad k = 0，1，2，\cdots，l. \end{aligned}$$

例 5.1 袋中有编号为 1，1，2，3 的四个球，现从中无放回地取两次，每次取一个，设X_1，X_2分别为第一次、第二次取到的球的号码，求随机变量$Y=X_1X_2$的分布.

【解】由例 4.4 知，(X_1,X_2)的分布律为

X_1 \ X_2	1	2	3	$p_{i\cdot}$
1	$\frac{1}{6}$	$\frac{1}{6}$	$\frac{1}{6}$	$\frac{1}{2}$
2	$\frac{1}{6}$	0	$\frac{1}{12}$	$\frac{1}{4}$
3	$\frac{1}{6}$	$\frac{1}{12}$	0	$\frac{1}{4}$
$p_{\cdot j}$	$\frac{1}{2}$	$\frac{1}{4}$	$\frac{1}{4}$	1

$Y=X_1X_2$ 的所有取值为 1，2，3，6，于是

$$P\{Y=1\}=p_{11}=\frac{1}{6},\quad P\{Y=2\}=p_{12}+p_{21}=\frac{1}{3},$$

$$P\{Y=3\}=p_{13}+p_{31}=\frac{1}{3},\quad P\{Y=6\}=p_{23}+p_{32}=\frac{1}{6},$$

从而有

$$Y\sim\begin{pmatrix}1&2&3&6\\ \frac{1}{6}&\frac{1}{3}&\frac{1}{3}&\frac{1}{6}\end{pmatrix}.$$

例 5.2 设 X 与 Y 是独立同分布的随机变量，均服从参数为 p 的几何分布，求 $Z=\max\{X,Y\}$ 的概率分布 .

【解】由题设，有

$$P\{X=k\}=P\{Y=k\}=p(1-p)^{k-1}(k=1,2,\cdots).$$

$Z=\max\{X,Y\}$ 的所有取值为 1，2，…，且事件

$$\begin{aligned}\{Z=k\}&=\{X=1,Y=k\}\cup\{X=2,Y=k\}\cup\cdots\cup\{X=k,Y=k\}\cup\\&\quad\{X=k,Y=1\}\cup\{X=k,Y=2\}\cup\cdots\cup\{X=k,Y=k-1\}(k=1,2,\cdots).\end{aligned}$$

由 X 与 Y 相互独立，得

$$\begin{aligned}P\{Z=k\}&=P\{X=1\}P\{Y=k\}+P\{X=2\}P\{Y=k\}+\cdots+P\{X=k\}P\{Y=k\}+\\&\quad P\{X=k\}P\{Y=1\}+P\{X=k\}P\{Y=2\}+\cdots+P\{X=k\}P\{Y=k-1\}\\&=pq^{k-1}(p+pq+\cdots+pq^{k-1})+pq^{k-1}(p+pq+\cdots+pq^{k-2})\\&=p^2q^{k-1}\left(\frac{1-q^k}{1-q}+\frac{1-q^{k-1}}{1-q}\right)\\&=pq^{k-1}(2-q^k-q^{k-1})(q=1-p;\ k=1,2,\cdots).\end{aligned}$$

例 5.3 设随机变量 X 与 Y 相互独立，且 X 服从参数为 λ 的泊松分布，

$$Y\sim\begin{pmatrix}-1&1\\ \frac{1}{4}&\frac{3}{4}\end{pmatrix},$$

求 $Z=XY$ 的概率分布 .

【解】已知 $P\{X=k\}=\frac{\lambda^k}{k!}e^{-\lambda}(k=0,1,\cdots)$，$Y$ 可能取值为 −1，1，X 与 Y 相互独立，故 $Z=XY$ 可能取

值为0，±1，±2，…，±k，…，其概率分布为

$$P\{Z=XY=0\}=P\{X=0\}=\mathrm{e}^{-\lambda},$$

$$P\{Z=XY=k\}=P\{X=k,Y=1\}=P\{X=k\}P\{Y=1\}=\frac{3}{4}\frac{\lambda^k}{k!}\mathrm{e}^{-\lambda},\quad k=1,2,3,\cdots,$$

$$P\{Z=XY=-k\}=P\{X=k\}P\{Y=-1\}=\frac{1}{4}\frac{\lambda^k}{k!}\mathrm{e}^{-\lambda},\quad k=1,2,3,\cdots.$$

（2）（连续型，连续型）→连续型．

①分布函数法．

设$(X,Y)\sim f(x,y)$，$Z=g(X,Y)$，则

$$F_Z(z)=P\{g(X,Y)\leqslant z\}=\iint\limits_{g(x,y)\leqslant z}f(x,y)\mathrm{d}x\mathrm{d}y,$$

$$f_Z(z)=F_Z'(z).$$

②卷积公式法．

a. 和的分布．

设$(X,Y)\sim f(x,y)$，则$Z=X+Y$的概率密度为

$$f_Z(z)=\int_{-\infty}^{+\infty}f(x,z-x)\mathrm{d}x=\int_{-\infty}^{+\infty}f(z-y,y)\mathrm{d}y$$

$$\xlongequal{独立}\int_{-\infty}^{+\infty}f_X(x)f_Y(z-x)\mathrm{d}x=\int_{-\infty}^{+\infty}f_X(z-y)f_Y(y)\mathrm{d}y.$$

b. 差的分布．

设$(X,Y)\sim f(x,y)$，则$Z=X-Y$的概率密度为

$$f_Z(z)=\int_{-\infty}^{+\infty}f(x,x-z)\mathrm{d}x=\int_{-\infty}^{+\infty}f(y+z,y)\mathrm{d}y$$

$$\xlongequal{独立}\int_{-\infty}^{+\infty}f_X(x)f_Y(x-z)\mathrm{d}x=\int_{-\infty}^{+\infty}f_X(y+z)f_Y(y)\mathrm{d}y.$$

c. 积的分布．

设$(X,Y)\sim f(x,y)$，则$Z=XY$的概率密度为

$$f_Z(z)=\int_{-\infty}^{+\infty}\frac{1}{|x|}f\left(x,\frac{z}{x}\right)\mathrm{d}x=\int_{-\infty}^{+\infty}\frac{1}{|y|}f\left(\frac{z}{y},y\right)\mathrm{d}y$$

$$\xlongequal{独立}\int_{-\infty}^{+\infty}\frac{1}{|x|}f_X(x)f_Y\left(\frac{z}{x}\right)\mathrm{d}x=\int_{-\infty}^{+\infty}\frac{1}{|y|}f_X\left(\frac{z}{y}\right)f_Y(y)\mathrm{d}y.$$

d. 商的分布．

设$(X,Y)\sim f(x,y)$，则$Z=\dfrac{X}{Y}$的概率密度为

$$f_Z(z)=\int_{-\infty}^{+\infty}|y|f(yz,y)\mathrm{d}y\xlongequal{独立}\int_{-\infty}^{+\infty}|y|f_X(yz)f_Y(y)\mathrm{d}y.$$

【注】以上所述的四组公式，可用“口诀”来记忆：“积谁不换谁，换完求偏导”．如$Z=X-Y$的$f_Z(z)=\int_{-\infty}^{+\infty}f(x,x-z)\mathrm{d}x$中．

> 先用第一句："积谁不换谁"．对 x 积分，则不换 x，写成 $f(x,\square)$，换 $y=x-z$，为 $f(x,x-z)$．
> 再用第二句："换完求偏导"．$\dfrac{\partial(x-z)}{\partial z}=-1$，因概率密度非负，要加绝对值，即为 $|-1|=1$．这样便记住了公式．
> 若出现更一般的 $Z=aX+bY$，该如何求解？见例 5.5.

③最值函数的分布．

a. $\max\{X,Y\}$ 分布．

设 $(X,Y)\sim F(x,y)$，则 $Z=\max\{X,Y\}$ 的分布函数为

$$F_{\max}(z)=P\{\max\{X,Y\}\leqslant z\}=P\{X\leqslant z,Y\leqslant z\}=F(z,z).$$

当 X 与 Y 独立时，

$$F_{\max}(z)=F_X(z)\cdot F_Y(z).$$

b. $\min\{X,Y\}$ 分布．

设 $(X,Y)\sim F(x,y)$，则 $Z=\min\{X,Y\}$ 的分布函数为

$$\begin{aligned}F_{\min}(z)&=P\{\min\{X,Y\}\leqslant z\}=P\{\{X\leqslant z\}\cup\{Y\leqslant z\}\}\\&=P\{X\leqslant z\}+P\{Y\leqslant z\}-P\{X\leqslant z,Y\leqslant z\}\\&=F_X(z)+F_Y(z)-F(z,z).\end{aligned}$$

当 X 与 Y 独立时，

$$F_{\min}(z)=F_X(z)+F_Y(z)-F_X(z)F_Y(z)=1-[1-F_X(z)][1-F_Y(z)].$$

推广到 n 个相互独立的随机变量 X_1，X_2，…，X_n 的情况，即

$$F_{\max}(z)=F_{X_1}(z)F_{X_2}(z)\cdots F_{X_n}(z),$$

$$F_{\min}(z)=1-[1-F_{X_1}(z)][1-F_{X_2}(z)]\cdots[1-F_{X_n}(z)].$$

特别地，当 $X_i(i=1,2,\cdots,n)$ 相互独立且有相同的分布函数 $F(x)$ 与概率密度 $f(x)$ 时，

$$F_{\max}(z)=[F(z)]^n,\quad f_{\max}(z)=n[F(z)]^{n-1}f(z).$$

$$F_{\min}(z)=1-[1-F(z)]^n,\quad f_{\min}(z)=n[1-F(z)]^{n-1}f(z).$$

这些结果在数理统计部分极为重要．

例 5.4 设二维随机变量 (X,Y) 在矩形区域 $D=\{(x,y)\,|\,0\leqslant x\leqslant 2,0\leqslant y\leqslant 1\}$ 上服从均匀分布，求边长为 X 和 Y 的矩形面积 Z 的概率密度．

【解】由题设 $Z=XY$，(X,Y) 的概率密度为

$$f(x,y)=\begin{cases}\dfrac{1}{2}, & 0\leqslant x\leqslant 2,0\leqslant y\leqslant 1,\\ 0, & 其他.\end{cases}$$

用卷积公式"三部曲"：

①换字母．$y\to\dfrac{z}{x}$

$0\leqslant x\leqslant 2,0\leqslant \dfrac{z}{x}\leqslant 1\Rightarrow 0\leqslant x\leqslant 2,\ 0\leqslant z\leqslant x$

②换区域．

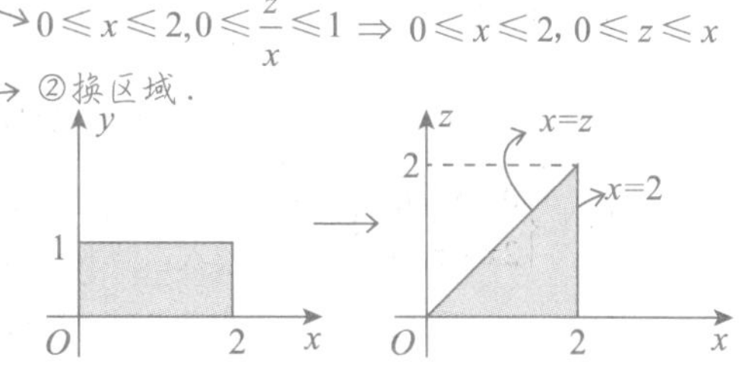

用卷积公式

$$f_Z(z)=\int_{-\infty}^{+\infty}\frac{1}{|x|}f\left(x,\frac{z}{x}\right)\mathrm{d}x,\quad 0<z<x\leqslant 2.$$

当 $z\leqslant 0$ 或 $z\geqslant 2$ 时，$f_Z(z)=0$；

当 $0<z<2$ 时，

$$f_Z(z)=\frac{1}{2}\int_z^2\frac{1}{x}\mathrm{d}x=\frac{1}{2}(\ln 2-\ln z).$$

③背口诀．
求 z 不积 z
不积先定限
限内画条线
先交写下限
后交写上限

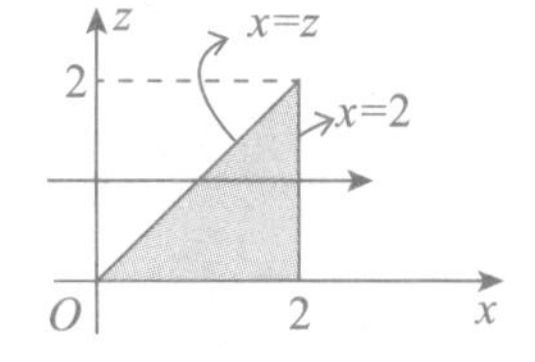

因此 $Z=XY$ 的概率密度为

$$f_Z(z)=\begin{cases}\dfrac{1}{2}(\ln 2-\ln z), & 0<z<2,\\ 0, & \text{其他}.\end{cases}$$

【注】本题亦可用分布函数法.

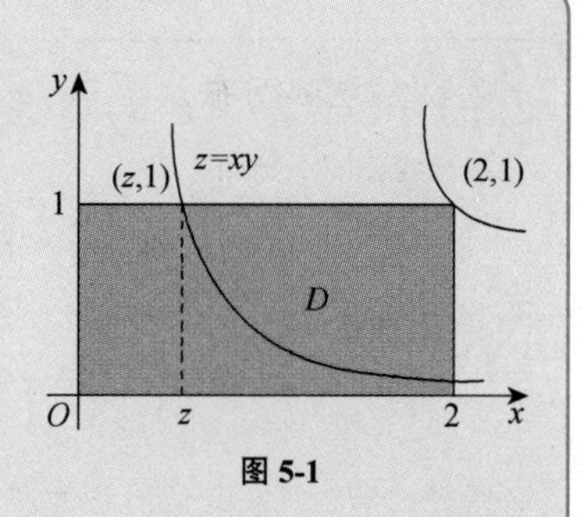

图 5-1

正概率密度区域 D 与所求概率 $F_Z(z)=P\{XY\leqslant z\}$ 的积分区域的公共部分有三种不同的组合形式(见图 5-1),于是:

当 $z\leqslant 0$ 时,$F_Z(z)=0$;

当 $0<z<2$ 时,

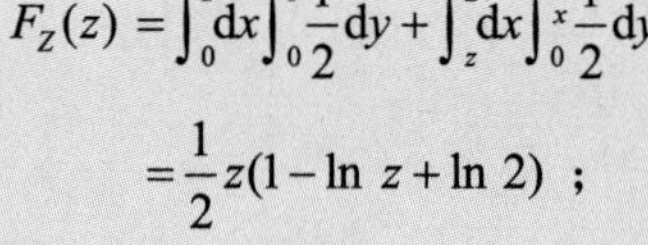

$$F_Z(z)=\int_0^z \mathrm{d}x\int_0^1\frac{1}{2}\mathrm{d}y+\int_z^2\mathrm{d}x\int_0^{\frac{z}{x}}\frac{1}{2}\mathrm{d}y$$

$$=\frac{1}{2}z(1-\ln z+\ln 2);$$

当 $z\geqslant 2$ 时,$F_Z(z)=1$.

因此 $Z=XY$ 的概率密度为

$$f_Z(z)=\begin{cases}\dfrac{1}{2}(\ln 2-\ln z), & 0<z<2,\\ 0, & \text{其他}.\end{cases}$$

例 5.5 设随机变量 X,Y 相互独立,且 X 的概率密度为 $f_X(x)=\begin{cases}1, & 0<x<1,\\ 0, & \text{其他},\end{cases}$ Y 的概率密度为 $f_Y(y)=\begin{cases}\mathrm{e}^{ay}, & y>0,\\ 0, & \text{其他}.\end{cases}$

(1)求 a 的值;

(2)若 $Z=2X+aY$,求 Z 的概率密度.

【解】(1)由 $\int_{-\infty}^{+\infty}f_Y(y)\mathrm{d}y=1$,故 $a\neq 0$,且

$$\int_0^{+\infty}\mathrm{e}^{ay}\mathrm{d}y=\frac{1}{a}\mathrm{e}^{ay}\Big|_0^{+\infty}=\lim_{y\to+\infty}\left(\frac{1}{a}\mathrm{e}^{ay}-\frac{1}{a}\right)=1,$$

若成立,必有 $\lim\limits_{y\to+\infty}\dfrac{1}{a}\mathrm{e}^{ay}=0$,故解得 $a=-1$.

(2)由(1)知,$Z=2X-Y$,且 X,Y 独立,故

$$f_Z(z)\xlongequal{(*)}\int_{-\infty}^{+\infty}f_X(x)f_Y(2x-z)\mathrm{d}x,$$

积分区域为 $\begin{cases}0<x<1,\\ 2x-z>0,\end{cases}$ 即 $\begin{cases}0<x<1,\\ 2x>z,\end{cases}$ 如图 5-2 所示.于是

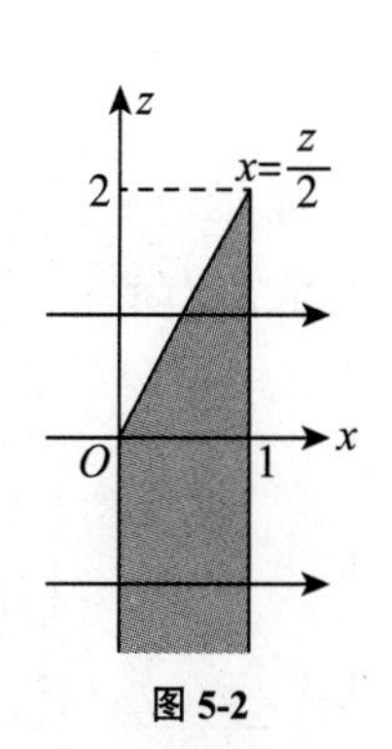

图 5-2

$$f_Z(z)=\begin{cases}\displaystyle\int_0^1\mathrm{e}^{-(2x-z)}\mathrm{d}x, & z<0,\\ \displaystyle\int_{\frac{z}{2}}^1\mathrm{e}^{-(2x-z)}\mathrm{d}x, & 0\leqslant z<2,\\ 0, & \text{其他}\end{cases}$$

$$=\begin{cases}\frac{1}{2}(1-\mathrm{e}^{-2})\mathrm{e}^{z}, & z<0,\\ \frac{1}{2}(1-\mathrm{e}^{z-2}), & 0\leqslant z<2,\\ 0, & \text{其他}.\end{cases}$$

【注】（1）（$*$）处来自如下公式．设 $(X,Y)\sim f(x,y)$，则 $Z=aX+bY(ab\neq 0)$ 的概率密度为

$$f_Z(z)=\frac{1}{|a|}\int_{-\infty}^{+\infty}f\left(\frac{z-by}{a},y\right)\mathrm{d}y=\frac{1}{|b|}\int_{-\infty}^{+\infty}f\left(x,\frac{z-ax}{b}\right)\mathrm{d}x\ .$$

进一步地，若 X，Y 相互独立，且 $X\sim f_X(x)$，$Y\sim f_Y(y)$，则

$$f_Z(z)=\frac{1}{|a|}\int_{-\infty}^{+\infty}f_X\left(\frac{z-by}{a}\right)f_Y(y)\mathrm{d}y=\frac{1}{|b|}\int_{-\infty}^{+\infty}f_X(x)f_Y\left(\frac{z-ax}{b}\right)\mathrm{d}x\ .$$

这些公式依然符合我们所讲的“口诀”：“积谁不换谁，换完求偏导”．

如 $f_Z(z)=\frac{1}{|a|}\int_{-\infty}^{+\infty}f\left(\frac{z-by}{a},y\right)\mathrm{d}y$ 中．

先用第一句：“积谁不换谁”．对 y 积分，则不换 y，写成 $f(\square,y)$，换 $x=\frac{z-by}{a}$，为 $f\left(\frac{z-by}{a},y\right)$．

再用第二句：“换完求偏导”．$\frac{\partial\left(\frac{z-by}{a}\right)}{\partial z}=\frac{1}{a}$，因概率密度非负，要加绝对值，即为 $\frac{1}{|a|}$．这样便记住了公式．

（2）考生亦可用分布函数法求 Z 的概率密度，一是检查答案的正确性，二是比较两种方法的繁简．

利用分布函数法．

由题意可知，X 与 Y 的联合概率密度为

$$f(x,y)=\begin{cases}\mathrm{e}^{-y}, & 0<x<1,y>0,\\ 0, & \text{其他}.\end{cases}$$

由 $Z=2X-Y$ 的分布函数 $F_Z(z)=\iint\limits_{2x-y\leqslant z}f(x,y)\mathrm{d}x\mathrm{d}y$ 可知，

当 $z<0$ 时，
$$F_Z(z)=\int_0^1\mathrm{d}x\int_{2x-z}^{+\infty}\mathrm{e}^{-y}\mathrm{d}y=\frac{1}{2}(1-\mathrm{e}^{-2})\mathrm{e}^{z};$$

当 $0\leqslant z<2$ 时，
$$F_Z(z)=\int_0^{\frac{z}{2}}\mathrm{d}x\int_0^{+\infty}\mathrm{e}^{-y}\mathrm{d}y+\int_{\frac{z}{2}}^1\mathrm{d}x\int_{2x-z}^{+\infty}\mathrm{e}^{-y}\mathrm{d}y$$
$$=\frac{z}{2}+\frac{1}{2}-\frac{1}{2}\mathrm{e}^{z-2};$$

当 $z\geqslant 2$ 时，$F_Z(z)=1$．

故 $Z=2X-Y$ 的概率密度为

$$f_Z(z)=\begin{cases}\frac{1}{2}(1-\mathrm{e}^{-2})\mathrm{e}^{z}, & z<0,\\ \frac{1}{2}(1-\mathrm{e}^{z-2}), & 0\leqslant z<2,\\ 0, & \text{其他}.\end{cases}$$

例 5.6　设总体 X 服从 $[0,\theta]$ 上的均匀分布，θ 为正常数，X_1，X_2，X_3 是取自 X 的一个样本，求 $Y=\max\{X_1,X_2,X_3\}$，$Z=\min\{X_1,X_2,X_3\}$ 的分布函数和概率密度.

【解】设 $F(x)$ 为 X 的分布函数，$f(x)$ 为 X 的概率密度，则

$$F(x)=\begin{cases}1, & x\geqslant\theta,\\ \dfrac{x}{\theta}, & 0\leqslant x<\theta,\\ 0, & x<0,\end{cases}\quad f(x)=\begin{cases}\dfrac{1}{\theta}, & 0\leqslant x<\theta,\\ 0, & 其他.\end{cases}$$

由 $Y=\max\limits_{1\leqslant i\leqslant 3}\{X_i\}$，$Z=\min\limits_{1\leqslant i\leqslant 3}\{X_i\}$，则 Y 的分布函数与概率密度分别为

$$F_Y(y)=[F(y)]^3=\begin{cases}1, & y\geqslant\theta,\\ \left(\dfrac{y}{\theta}\right)^3, & 0\leqslant y<\theta,\\ 0, & y<0,\end{cases}\quad f_Y(y;\theta)=3[F(y)]^2\cdot f(y)=\begin{cases}3\left(\dfrac{y}{\theta}\right)^2\cdot\dfrac{1}{\theta}, & 0\leqslant y<\theta,\\ 0, & 其他,\end{cases}$$

Z 的分布函数与概率密度分别为

$$F_Z(z)=1-[1-F(z)]^3=\begin{cases}1, & z\geqslant\theta,\\ 1-\left(1-\dfrac{z}{\theta}\right)^3, & 0\leqslant z<\theta,\\ 0, & z<0,\end{cases}$$

$$f_Z(z;\theta)=3[1-F(z)]^2f(z)=\begin{cases}3\left(1-\dfrac{z}{\theta}\right)^2\cdot\dfrac{1}{\theta}, & 0\leqslant z<\theta,\\ 0, & 其他.\end{cases}$$

（3）（离散型，连续型）→连续型.

设 $X\sim p_i$，$Y\sim f_Y(y)$，$Z=g(X,Y)$（常考 $X\pm Y$，XY 等），则

①X，Y 独立时，可用分布函数法及全概率公式求 $F_Z(z)$.

②X，Y 不独立时，用分布函数法.

例 5.7　设随机变量 X_1，X_2，X_3 相互独立，其中 X_1 与 X_2 均服从标准正态分布，X_3 的概率分布为 $P\{X_3=0\}=P\{X_3=1\}=\dfrac{1}{2}$，$Y=X_3X_1+(1-X_3)X_2$.

（1）求二维随机变量 (X_1,Y) 的分布函数，结果用标准正态分布函数 $\Phi(x)$ 表示；

（2）证明随机变量 Y 服从标准正态分布.

（1）【解】记 (X_1,Y) 的分布函数为 $F(x,y)$，则对任意实数 x 和 y，都有

$$\begin{aligned}F(x,y)&=P\{X_1\leqslant x,Y\leqslant y\}\\&=P\{X_1\leqslant x,X_3X_1+(1-X_3)X_2\leqslant y\}\\&=P\{X_3=0\}P\{X_1\leqslant x,X_3X_1+(1-X_3)X_2\leqslant y\mid X_3=0\}+\\&\quad P\{X_3=1\}P\{X_1\leqslant x,X_3X_1+(1-X_3)X_2\leqslant y\mid X_3=1\}\\&=\frac{1}{2}P\{X_1\leqslant x,X_2\leqslant y\mid X_3=0\}+\frac{1}{2}P\{X_1\leqslant x,X_1\leqslant y\mid X_3=1\}\\&=\frac{1}{2}P\{X_1\leqslant x,X_2\leqslant y\}+\frac{1}{2}P\{X_1\leqslant x,X_1\leqslant y\}\\&=\frac{1}{2}P\{X_1\leqslant x,X_2\leqslant y\}+\frac{1}{2}P\{X_1\leqslant\min\{x,y\}\}\end{aligned}$$

（旁注：$=P\{X_1\leqslant x,X_3X_1+(1-X_3)X_2\leqslant y,\ \Omega\}$ $=P\{X_1\leqslant x,X_3X_1+(1-X_3)X_2\leqslant y,(X_3=0\cup X_3=1)\}$；独立性　独立性）

$$=\frac{1}{2}\Phi(x)\Phi(y)+\frac{1}{2}\Phi(\min\{x,y\}).$$

（2）【证】由（1）知，Y的分布函数为

$$F_Y(y)=\lim_{x\to+\infty}F(x,y)$$
$$=\lim_{x\to+\infty}\left[\frac{1}{2}\Phi(x)\Phi(y)+\frac{1}{2}\Phi(\min\{x,y\})\right]$$
$$=\frac{1}{2}\Phi(y)+\frac{1}{2}\Phi(y)=\Phi(y),$$

所以Y服从标准正态分布.

例 5.8 设二维随机变量(X,Y)在区域$D=\{(x,y)\mid 0<x<1,x^2<y<\sqrt{x}\}$上服从均匀分布，令
$U=\begin{cases}1, & X\leqslant Y,\\ 0, & X>Y.\end{cases}$

（1）写出(X,Y)的概率密度；

（2）问U与X是否相互独立？并说明理由；

（3）求$Z=U+X$的分布函数$F_Z(z)$.

$S=\int_0^1(\sqrt{x}-x^2)\mathrm{d}x=\frac{1}{3}$

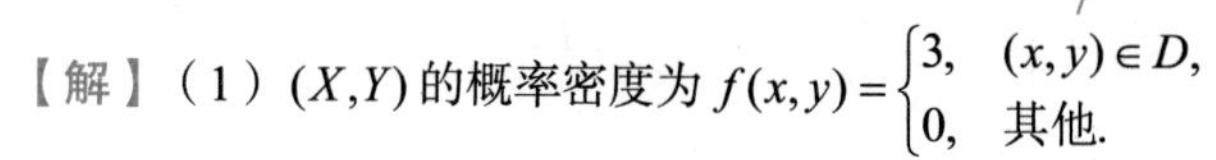

【解】（1）(X,Y)的概率密度为$f(x,y)=\begin{cases}3, & (x,y)\in D,\\ 0, & 其他.\end{cases}$

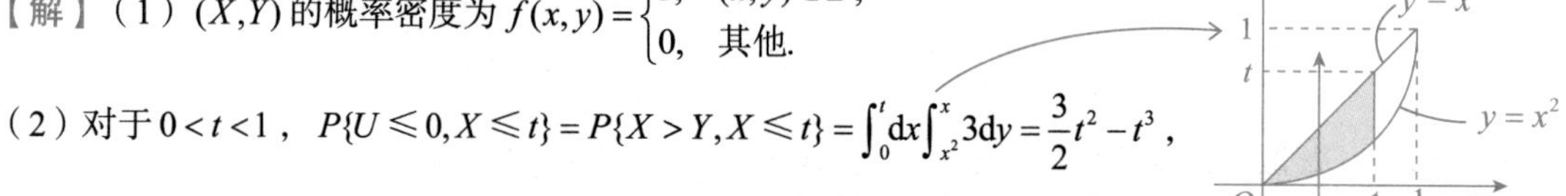

（2）对于$0<t<1$，$P\{U\leqslant 0,X\leqslant t\}=P\{X>Y,X\leqslant t\}=\int_0^t\mathrm{d}x\int_{x^2}^{x}3\mathrm{d}y=\frac{3}{2}t^2-t^3$，

$P\{U\leqslant 0\}=P\{X>Y\}=\frac{1}{2}$，$P\{X\leqslant t\}=\int_0^t\mathrm{d}x\int_{x^2}^{\sqrt{x}}3\mathrm{d}y=2t^{\frac{3}{2}}-t^3$.

由于$P\{U\leqslant 0,X\leqslant t\}\neq P\{U\leqslant 0\}P\{X\leqslant t\}$，因此$U$与$X$不相互独立.

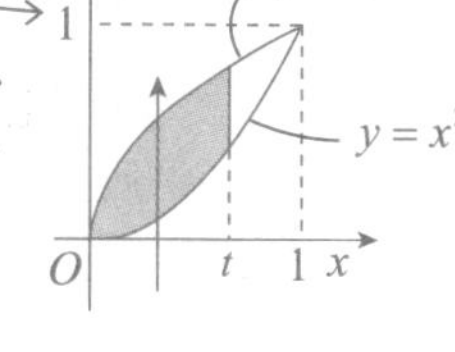

U,X不独立，故以下不用全概率公式，而用等价事件

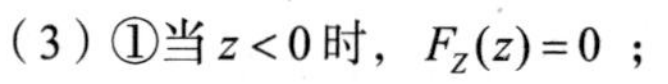

（3）①当$z<0$时，$F_Z(z)=0$；

②当$0\leqslant z<1$时，$F_Z(z)=P\{Z\leqslant z\}=P\{U+X\leqslant z\}$

$$=P\{U=0,X\leqslant z\}=P\{X>Y,X\leqslant z\}=\frac{3}{2}z^2-z^3;$$

U的取值范围是$\{0,1\}$，$X\in(0,1)\Rightarrow Z=U+X\in(0,2)$，

故当$0\leqslant z<1$时，$\{U+X\leqslant z\}$等价于$\{U=0,X\leqslant z\}$.

③当$1\leqslant z<2$时，$F_Z(z)=P\{U+X\leqslant z\}=P\{U=0,X\leqslant z\}+P\{U=1,X\leqslant z-1\}$

$$=P\{X>Y,X\leqslant z\}+P\{X\leqslant Y,X\leqslant z-1\}$$
$$=\int_0^1\mathrm{d}x\int_{x^2}^{x}3\mathrm{d}y+\int_0^{z-1}\mathrm{d}x\int_x^{\sqrt{x}}3\mathrm{d}y$$
$$=\frac{1}{2}+2(z-1)^{\frac{3}{2}}-\frac{3}{2}(z-1)^2;$$

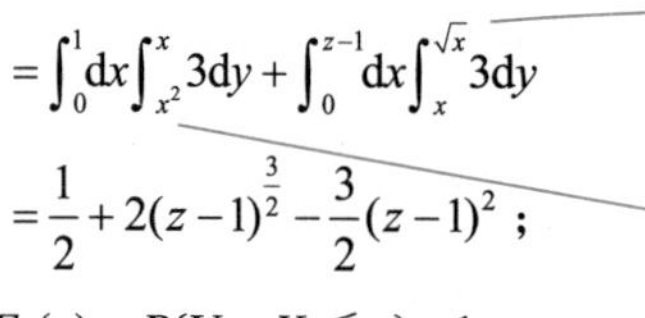

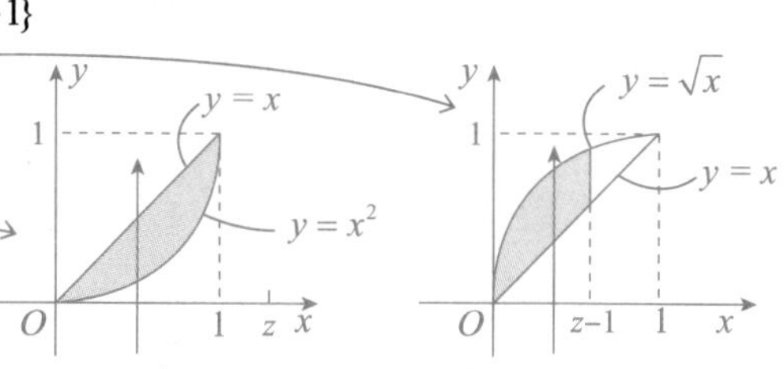

④当$z\geqslant 2$时，$F_Z(z)=P\{U+X\leqslant z\}=1$.

所以
$$F_Z(z)=\begin{cases}0, & z<0,\\ \frac{3}{2}z^2-z^3, & 0\leqslant z<1,\\ \frac{1}{2}+2(z-1)^{\frac{3}{2}}-\frac{3}{2}(z-1)^2, & 1\leqslant z<2,\\ 1, & z\geqslant 2.\end{cases}$$

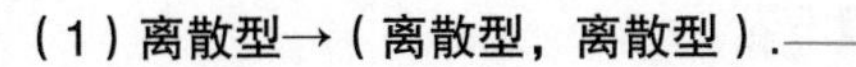

（1）离散型→（离散型，离散型）.

$$X\sim p_i,\ \begin{cases}U=g(X),\\ V=h(X)\end{cases}\Rightarrow(U,V)\sim q_{ij}\ .$$

（离散型，离散型）往往人为制造，如伯努利计数变量

（2）连续型→（离散型，离散型）.

$$X\sim f(x),\ \begin{cases}U=g(X),\\ V=h(X)\end{cases}\Rightarrow(U,V)\sim p_{ij}\ .$$

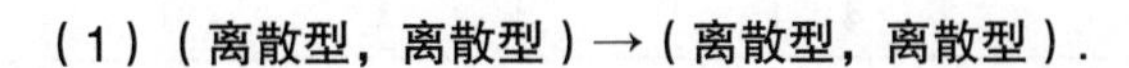

（1）（离散型，离散型）→（离散型，离散型）.

$$(X,Y)\sim p_{ij},\ \begin{cases}U=g(X,Y),\\ V=h(X,Y)\end{cases}\Rightarrow(U,V)\sim q_{ij}\ .$$

（2）（连续型，连续型）→（离散型，离散型）.

$$(X,Y)\sim f(x,y),\ \begin{cases}U=g(X,Y),\\ V=h(X,Y)\end{cases}\Rightarrow(U,V)\sim p_{ij}\ .$$

（3）（离散型，连续型）→（离散型，离散型）.

$$X\sim p_i,\ Y\sim f_Y(y),\ \begin{cases}U=g(X,Y),\\ V=h(X,Y)\end{cases}\Rightarrow(U,V)\sim q_{ij}\ .$$

例 5.9 已知随机变量 X 与 Y 相互独立，$X\sim\begin{pmatrix}0&1\\ \frac{1}{4}&\frac{3}{4}\end{pmatrix}$，$Y$ 服从参数为 1 的指数分布，记

$$U=\begin{cases}0, & X<Y,\\ 1, & X\geqslant Y,\end{cases}\quad V=\begin{cases}0, & X<2Y,\\ 1, & X\geqslant 2Y,\end{cases}$$

求 (U,V) 的分布律.

$$Y\sim f_Y(y)=\begin{cases}\mathrm{e}^{-y}, & y\geqslant 0,\\ 0, & y<0,\end{cases}$$

$$Y\sim F_Y(y)=\begin{cases}1-\mathrm{e}^{-y}, & y\geqslant 0,\\ 0, & y<0.\end{cases}$$

【解】(U,V) 是离散型随机变量，X 是离散型的，Y 是连续型的，X 与 Y 相互独立，故由全概率公式得 U，V 的分布，

$$\begin{aligned}P\{U=0\}&=P\{X<Y\}=P\{X<Y,X=0\}+P\{X<Y,X=1\}\\&=P\{Y>0,X=0\}+P\{Y>1,X=1\}\\&=P\{X=0\}\underbrace{P\{Y>0\}}_{=1}+P\{X=1\}P\{Y>1\}\\&=\frac{1}{4}+\frac{3}{4}\int_1^{+\infty}\mathrm{e}^{-y}\mathrm{d}y=\frac{1}{4}+\frac{3}{4}\mathrm{e}^{-1},\end{aligned}$$

$$P\{U=1\}=1-P\{U=0\}=\frac{3}{4}-\frac{3}{4}\mathrm{e}^{-1},$$

$$\begin{aligned}P\{V=0\}&=P\{X<2Y\}=P\{X<2Y,X=0\}+P\{X<2Y,X=1\}\\&=P\{Y>0,X=0\}+P\left\{Y>\frac{1}{2},X=1\right\}\\&=P\{X=0\}\underbrace{P\{Y>0\}}_{=1}+P\{X=1\}P\left\{Y>\frac{1}{2}\right\}\end{aligned}$$

$$=\frac{1}{4}+\frac{3}{4}\int_{\frac{1}{2}}^{+\infty}\mathrm{e}^{-y}\mathrm{d}y=\frac{1}{4}+\frac{3}{4}\mathrm{e}^{-\frac{1}{2}},$$

$$P\{V=1\}=1-P\{V=0\}=\frac{3}{4}-\frac{3}{4}\mathrm{e}^{-\frac{1}{2}}.$$

又 $P\{U=0,V=1\}=P\{X<Y,X\geqslant 2Y\}=0$，所以 (U,V) 的分布律为

V \ U	0	1	$p_{\cdot j}$
0	$\frac{1}{4}+\frac{3}{4}\mathrm{e}^{-1}$	$\frac{3}{4}\mathrm{e}^{-\frac{1}{2}}-\frac{3}{4}\mathrm{e}^{-1}$	$\frac{1}{4}+\frac{3}{4}\mathrm{e}^{-\frac{1}{2}}$
1	0	$\frac{3}{4}-\frac{3}{4}\mathrm{e}^{-\frac{1}{2}}$	$\frac{3}{4}-\frac{3}{4}\mathrm{e}^{-\frac{1}{2}}$
$p_{i\cdot}$	$\frac{1}{4}+\frac{3}{4}\mathrm{e}^{-1}$	$\frac{3}{4}-\frac{3}{4}\mathrm{e}^{-1}$	1

第6讲 数字特征

知识结构

- 数学期望
  - X
    - $X \sim p_i \Rightarrow EX = \sum_i x_i p_i$
      - 有限项相加
      - 无穷项相加(无穷级数)
    - $X \sim f(x) \Rightarrow EX = \int_{-\infty}^{+\infty} x f(x) \mathrm{d}x$
      - 有限区间积分(定积分)
      - 无穷区间积分(反常积分)
  - $g(X)$
    - $X \sim p_i, Y = g(X) \Rightarrow EY = \sum_i g(x_i) p_i$
    - $X \sim f(x), Y = g(X) \Rightarrow EY = \int_{-\infty}^{+\infty} g(x) f(x) \mathrm{d}x$
  - $g(X,Y)$
    - $(X,Y) \sim p_{ij}, Z = g(X,Y) \Rightarrow EZ = \sum_i \sum_j g(x_i, y_j) p_{ij}$
    - $(X,Y) \sim f(x,y), Z = g(X,Y) \Rightarrow EZ = \int_{-\infty}^{+\infty} \int_{-\infty}^{+\infty} g(x,y) f(x,y) \mathrm{d}x\mathrm{d}y$
  - 最值
    - $Y = \min\{X_1, X_2, \cdots, X_n\}$， $EY = \int_{-\infty}^{+\infty} y f_Y(y) \mathrm{d}y$，其中 $f_Y(y) = n[1 - F(y)]^{n-1} f(y)$
    - $Z = \max\{X_1, X_2, \cdots, X_n\}$， $EZ = \int_{-\infty}^{+\infty} z f_Z(z) \mathrm{d}z$，其中 $f_Z(z) = n[F(z)]^{n-1} f(z)$
  - 分解 — $E(X_1 + X_2 + \cdots + X_n) = EX_1 + EX_2 + \cdots + EX_n$
  - 性质
    - ① $Ea = a$， $E(EX) = EX$
    - ② $E(aX + bY) = aEX + bEY$， $E\left(\sum_{i=1}^{n} a_i X_i\right) = \sum_{i=1}^{n} a_i EX_i$
    - ③若 X，Y 相互独立，则 $E(XY) = EXEY$
- 方差
  - X
    - 定义 — $DX = E[(X - EX)^2]$
    - 定义法
      - $X \sim p_i \Rightarrow DX = E[(X - EX)^2] = \sum_i (x_i - EX)^2 p_i$
      - $X \sim f(x) \Rightarrow DX = E[(X - EX)^2] = \int_{-\infty}^{+\infty} (x - EX)^2 f(x) \mathrm{d}x$
    - 公式法 — $DX = E(X^2) - (EX)^2$
  - 最值
    - $Y = \min\{X_1, X_2, \cdots, X_n\}, E(Y^2) = \int_{-\infty}^{+\infty} y^2 f_Y(y) \mathrm{d}y \Rightarrow DY = E(Y^2) - (EY)^2$
    - $Z = \max\{X_1, X_2, \cdots, X_n\}, E(Z^2) = \int_{-\infty}^{+\infty} z^2 f_Z(z) \mathrm{d}z \Rightarrow DZ = E(Z^2) - (EZ)^2$
  - 分解 — $D(X_1 + X_2 + \cdots + X_n) = DX_1 + DX_2 + \cdots + DX_n + 2\sum_{1 \leqslant i < j \leqslant n} \mathrm{Cov}(X_i, X_j) \overset{\text{独立}}{=\!=} DX_1 + DX_2 + \cdots + DX_n$
  - 性质
    - ① $DX \geqslant 0$， $E(X^2) = DX + (EX)^2 \geqslant (EX)^2$
    - ② $Dc = 0$（c 为常数）
    - ③ $DX = 0 \Leftrightarrow X$ 几乎处处为某个常数 a，即 $P\{X = a\} = 1$
    - ④ $D(aX + b) = a^2 DX$
    - ⑤ $D(X \pm Y) = DX + DY \pm 2\mathrm{Cov}(X,Y)$
    - ⑥ $D\left(\sum_{i=1}^{n} a_i X_i\right) = \sum_{i=1}^{n} a_i^2 DX_i + 2\sum_{1 \leqslant i < j \leqslant n} a_i a_j \mathrm{Cov}(X_i, X_j)$
    - ⑦ $D(aX + bY) \overset{\text{独立}}{=\!=} a^2 DX + b^2 DY$
    - ⑧ $D(XY) \overset{\text{独立}}{=\!=} DXDY + DX(EY)^2 + DY(EX)^2 \geqslant DXDY$
    - ⑨对任意常数 c，有 $DX = E[(X - EX)^2] \leqslant E[(X - c)^2]$

- 常用分布的 EX，DX
  - ① 0—1 分布，$EX=p$，$DX=p-p^2=(1-p)p$
  - ② $X\sim B(n,p)$，$EX=np$，$DX=np(1-p)$
  - ③ $X\sim P(\lambda)$，$EX=\lambda$，$DX=\lambda$
  - ④ $X\sim G(p)$，$EX=\frac{1}{p}$，$DX=\frac{1-p}{p^2}$
  - ⑤ $X\sim U(a,b)$，$EX=\frac{a+b}{2}$，$DX=\frac{(b-a)^2}{12}$
  - ⑥ $X\sim E(\lambda)$，$EX=\frac{1}{\lambda}$，$DX=\frac{1}{\lambda^2}$
  - ⑦ $X\sim N(\mu,\sigma^2)$，$EX=\mu$，$DX=\sigma^2$
  - ⑧ $X\sim \chi^2(n)$，$EX=n$，$DX=2n$
- 协方差 $\mathrm{Cov}(X,Y)$ 与相关系数 ρ_{XY}
  - $\mathrm{Cov}(X,Y)$
    - 定义 — $\mathrm{Cov}(X,Y)=E[(X-EX)(Y-EY)]$
    - 定义法
      - $(X,Y)\sim p_{ij}\Rightarrow \mathrm{Cov}(X,Y)=\sum\limits_i\sum\limits_j(x_i-EX)(y_j-EY)p_{ij}$
      - $(X,Y)\sim f(x,y)\Rightarrow \mathrm{Cov}(X,Y)=\int_{-\infty}^{+\infty}\int_{-\infty}^{+\infty}(x-EX)(y-EY)f(x,y)\mathrm{d}x\mathrm{d}y$
    - 公式法 — $\mathrm{Cov}(X,Y)=E(XY)-EXEY$
  - ρ_{XY} 定义 — $\rho_{XY}=\frac{\mathrm{Cov}(X,Y)}{\sqrt{DX}\sqrt{DY}}\begin{cases}=0\Leftrightarrow X,Y\text{不相关}\\ \neq 0\Leftrightarrow X,Y\text{相关}\end{cases}$
  - 性质
    - ① $\mathrm{Cov}(X,Y)=\mathrm{Cov}(Y,X)$
    - ② $\mathrm{Cov}(aX,bY)=ab\mathrm{Cov}(X,Y)$
    - ③ $\mathrm{Cov}(X_1+X_2,Y)=\mathrm{Cov}(X_1,Y)+\mathrm{Cov}(X_2,Y)$
    - ④ $|\rho_{XY}|\leqslant 1$
    - ⑤ $\rho_{XY}=1\Leftrightarrow P\{Y=aX+b\}=1(a>0)$
    - ⑥ $\rho_{XY}=-1\Leftrightarrow P\{Y=aX+b\}=1(a<0)$
    - ⑦ $\rho_{XY}=0\Leftrightarrow \mathrm{Cov}(X,Y)=0\Leftrightarrow E(XY)=EXEY$ $\Leftrightarrow D(X+Y)=DX+DY\Leftrightarrow D(X-Y)=DX+DY$
    - ⑧ X，Y 独立 $\Rightarrow \rho_{XY}=0$
    - ⑨若 $(X,Y)\sim N(\mu_1,\mu_2;\sigma_1^2,\sigma_2^2;\rho_{XY})$，则 X，Y 独立 $\Leftrightarrow X$，Y 不相关 $(\rho_{XY}=0)$
- 独立性与不相关性的判定
  - 用分布判独立
    - ①若 (X,Y) 是连续型的，则 X 与 Y 相互独立的充要条件是 $f(x,y)=f_X(x)\cdot f_Y(y)$
    - ②若 (X,Y) 是离散型的，则 X 与 Y 相互独立的充要条件是 $P\{X=x_i,Y=y_j\}=P\{X=x_i\}\cdot P\{Y=y_j\}$
  - 用数字特征判不相关 — $\rho_{XY}=0\Leftrightarrow \mathrm{Cov}(X,Y)=0$ $\Leftrightarrow E(XY)=EXEY\Leftrightarrow D(X\pm Y)=DX+DY$
  - 步骤 — 先计算 $\mathrm{Cov}(X,Y)$，而后按下列步骤进行判断或再计算：
    - $\mathrm{Cov}(X,Y)=E(XY)-EXEY$
      - $\neq 0\Leftrightarrow X$ 与 Y 相关 $\Rightarrow X$ 与 Y 不独立
      - $=0\Leftrightarrow X$ 与 Y 不相关，通过分布推断 $\begin{cases}X,\ Y\text{独立}\\ X,\ Y\text{不独立}\end{cases}$
  - 重要结论
    - ①如果 X 与 Y 独立，则 X 与 Y 不相关，反之不然
    - ②如果 X 与 Y 相关，则 X，Y 不独立
    - ③如果 (X,Y) 服从二维正态分布，则 X，Y 独立 $\Leftrightarrow X$，Y 不相关
    - ④如果 X 与 Y 均服从 0—1 分布，则 X，Y 独立 $\Leftrightarrow X$，Y 不相关
- 切比雪夫不等式
  - $P\{|X-EX|\geqslant\varepsilon\}\leqslant\frac{DX}{\varepsilon^2}$
  - $P\{|X-EX|<\varepsilon\}\geqslant 1-\frac{DX}{\varepsilon^2}$

一 数学期望

数学期望就是随机变量的取值与取值概率乘积的和.

1. X

① $X \sim p_i \Rightarrow EX = \sum_i x_i p_i \begin{cases} 有限项相加, \\ 无穷项相加(无穷级数). \end{cases}$

② $X \sim f(x) \Rightarrow EX = \int_{-\infty}^{+\infty} x f(x) \mathrm{d}x \begin{cases} 有限区间积分(定积分), \\ 无穷区间积分(反常积分). \end{cases}$

2. $g(X)$

g 为连续函数（或分段连续函数）.

① $X \sim p_i$， $Y = g(X) \Rightarrow EY = \sum_i g(x_i) p_i$.

② $X \sim f(x)$， $Y = g(X) \Rightarrow EY = \int_{-\infty}^{+\infty} g(x) f(x) \mathrm{d}x$.

3. $g(X,Y)$

① $(X,Y) \sim p_{ij}$， $Z = g(X,Y) \Rightarrow EZ = \sum_i \sum_j g(x_i, y_j) p_{ij}$.

② $(X,Y) \sim f(x,y)$， $Z = g(X,Y) \Rightarrow EZ = \int_{-\infty}^{+\infty} \int_{-\infty}^{+\infty} g(x,y) f(x,y) \mathrm{d}x\mathrm{d}y$.

4. 最值

若 $X_i (i = 1,2,\cdots,n;\ n \geqslant 2)$ 独立同分布，其分布函数为 $F(x)$，概率密度为 $f(x)$，记 $Y = \min\{X_1, X_2, \cdots, X_n\}$，$Z = \max\{X_1, X_2, \cdots, X_n\}$，则

$F_Y(y) = 1 - [1 - F(y)]^n$， $f_Y(y) = n[1 - F(y)]^{n-1} f(y) \Rightarrow EY = \int_{-\infty}^{+\infty} y f_Y(y) \mathrm{d}y$;

$F_Z(z) = [F(z)]^n$， $f_Z(z) = n[F(z)]^{n-1} f(z) \Rightarrow EZ = \int_{-\infty}^{+\infty} z f_Z(z) \mathrm{d}z$.

5. 分解

若 $X = X_1 + X_2 + \cdots + X_n$，则 $EX = EX_1 + EX_2 + \cdots + EX_n$.

6. 性质

① $Ea = a$， $E(EX) = EX$.

② $E(aX + bY) = aEX + bEY$ ， $E\left(\sum_{i=1}^{n} a_i X_i\right) = \sum_{i=1}^{n} a_i EX_i$.（无条件打开）

③若 X，Y 相互独立，则 $E(XY) = EXEY$.

二 方差

1. X

①定义.

$DX=E[(X-EX)^2]$，X 的方差就是 $Y=(X-EX)^2$ 的数学期望.

②定义法.

$$\begin{cases} X\sim p_i \Rightarrow DX=E[(X-EX)^2]=\sum_i (x_i-EX)^2 p_i, \\ X\sim f(x) \Rightarrow DX=E[(X-EX)^2]=\int_{-\infty}^{+\infty}(x-EX)^2 f(x)\mathrm{d}x. \end{cases}$$

③公式法.

$DX=E(X^2)-(EX)^2$.

2. 最值

接“一、数学期望”的“4. 最值”，有

$E(Y^2)=\int_{-\infty}^{+\infty} y^2 f_Y(y)\mathrm{d}y \Rightarrow DY=E(Y^2)-(EY)^2$；

$E(Z^2)=\int_{-\infty}^{+\infty} z^2 f_Z(z)\mathrm{d}z \Rightarrow DZ=E(Z^2)-(EZ)^2$.

3. 分解

若 $X=X_1+X_2+\cdots+X_n$，则 $DX=DX_1+DX_2+\cdots+DX_n+2\sum_{1\leqslant i<j\leqslant n}\mathrm{Cov}(X_i,X_j)$.

当 X_1，X_2，…，X_n 相互独立时，有 $DX=DX_1+DX_2+\cdots+DX_n$.

4. 性质

① $DX\geqslant 0$，$E(X^2)=DX+(EX)^2\geqslant (EX)^2$.

② $Dc=0$（c 为常数）.

$DX=0 \Leftrightarrow X$ 几乎处处为某个常数 a，即 $P\{X=a\}=1$.

③ $D(aX+b)=a^2DX$.

④ $D(X\pm Y)=DX+DY\pm 2\mathrm{Cov}(X,Y)$，$D\left(\sum_{i=1}^n a_iX_i\right)=\sum_{i=1}^n a_i^2DX_i+2\sum_{1\leqslant i<j\leqslant n}a_ia_j\mathrm{Cov}(X_i,X_j)$.

⑤如果 X 与 Y 相互独立，则

$$D(aX+bY)=a^2DX+b^2DY,$$
$$D(XY)=DXDY+DX(EY)^2+DY(EX)^2\geqslant DXDY .$$

【注】**证** 因 X，Y 相互独立，故 X^2，Y^2 也相互独立，即有

$$E(XY)=EXEY,$$
$$E(X^2Y^2)=E(X^2)E(Y^2),$$
$$\begin{aligned} D(XY)&=E(X^2Y^2)-[E(XY)]^2=E(X^2)E(Y^2)-(EX)^2(EY)^2 \\ &=[DX+(EX)^2][DY+(EY)^2]-(EX)^2(EY)^2 \\ &=DXDY+(EX)^2DY+(EY)^2DX . \end{aligned}$$

又 $(EX)^2DY+(EY)^2DX\geqslant 0$，所以 $D(XY)\geqslant DXDY$.

一般地，如果 X_1，X_2，…，X_n 相互独立，$g_i(x)$ 为 x 的连续函数，则

$$D\left(\sum_{i=1}^{n}a_iX_i\right)=\sum_{i=1}^{n}a_i^2DX_i,$$

$$D\left[\sum_{i=1}^{n}g_i(X_i)\right]=\sum_{i=1}^{n}D[g_i(X_i)].$$

⑥对任意常数 c，有 $DX=E[(X-EX)^2]\leqslant E[(X-c)^2]$.

【注】证
$$\begin{aligned}E[(X-c)^2]&=E(X^2-2cX+c^2)\\&=E(X^2)-2cEX+c^2\\&\xlongequal{令}g(c).\end{aligned}$$
由
$$g'(c)=-2EX+2c\xlongequal{令}0,$$
得 $c=EX$，又 $g''(c)=2>0$，故 $c=EX$ 是 $g(c)$ 的最小值点 .

三 常用分布的 EX，DX

考生应记住如下常用分布的 EX，DX.

① 0—1 分布，$EX=p$，$DX=p-p^2=(1-p)p$.

② $X\sim B(n,p)$，$EX=np$，$DX=np(1-p)$.

③ $X\sim P(\lambda)$，$EX=\lambda$，$DX=\lambda$.

④ $X\sim G(p)$，$EX=\dfrac{1}{p}$，$DX=\dfrac{1-p}{p^2}$.

⑤ $X\sim U(a,b)$，$EX=\dfrac{a+b}{2}$，$DX=\dfrac{(b-a)^2}{12}$.

⑥ $X\sim E(\lambda)$，$EX=\dfrac{1}{\lambda}$，$DX=\dfrac{1}{\lambda^2}$.

⑦ $X\sim N(\mu,\sigma^2)$，$EX=\mu$，$DX=\sigma^2$.

⑧ $X\sim \chi^2(n)$，$EX=n$，$DX=2n$.

四 协方差 $\mathrm{Cov}(X,Y)$ 与相关系数 ρ_{XY}

（1）$\mathrm{Cov}(X,Y)$.

①定义 .

X,Y 偏差（波动）程度

$$\mathrm{Cov}(X,Y)\xlongequal{\triangle}E[(X-EX)(Y-EY)].$$

【注】$\mathrm{Cov}(X,X)=E[(X-EX)(X-EX)]$
$$=E[(X-EX)^2]=DX .$$

②定义法.

$$\begin{cases}(X,Y)\sim p_{ij}\Rightarrow \mathrm{Cov}(X,Y)=\sum\limits_i\sum\limits_j(x_i-EX)(y_j-EY)p_{ij},\\(X,Y)\sim f(x,y)\Rightarrow \mathrm{Cov}(X,Y)=\int_{-\infty}^{+\infty}\int_{-\infty}^{+\infty}(x-EX)(y-EY)f(x,y)\mathrm{d}x\mathrm{d}y.\end{cases}$$

③公式法.

$\mathrm{Cov}(X,Y)=E(XY)-EXEY$.

(2) ρ_{XY} 定义.(相关系数，表示线性相依程度)

$$\rho_{XY}=\frac{\mathrm{Cov}(X,Y)}{\sqrt{DX}\sqrt{DY}}\begin{cases}=0\Leftrightarrow X,Y\text{不相关},\\\neq 0\Leftrightarrow X,Y\text{相关}.\end{cases}$$

(量纲为 1，无单位)

$-1\leqslant\rho\leqslant1$

-1 ← 0 → 1

强 ← 弱 → 强

在 ρ=0 时，线性相依程度为 0，往两边走，线性相依程度增强，在 ρ=1，ρ=−1 时线性相依程度最强. 见下面 (3) 的⑤.

(3) 性质.

① $\mathrm{Cov}(X,Y)=\mathrm{Cov}(Y,X)$.

② $\mathrm{Cov}(aX,bY)=ab\mathrm{Cov}(X,Y)$.

③ $\mathrm{Cov}(X_1+X_2,Y)=\mathrm{Cov}(X_1,Y)+\mathrm{Cov}(X_2,Y)$.

④ $|\rho_{XY}|\leqslant 1$.

⑤ $\rho_{XY}=1\Leftrightarrow P\{Y=aX+b\}=1(a>0)$.

$\rho_{XY}=-1\Leftrightarrow P\{Y=aX+b\}=1(a<0)$.

【注】 $Y=aX+b$， $a>0\Rightarrow\rho_{XY}=1$.

$Y=aX+b$， $a<0\Rightarrow\rho_{XY}=-1$.

⑥五个充要条件.

$\rho_{XY}=0\Leftrightarrow\mathrm{Cov}(X,Y)=0\Leftrightarrow E(XY)=EXEY$

$\Leftrightarrow D(X+Y)=DX+DY\Leftrightarrow D(X-Y)=DX+DY$.

⑦ X，Y 独立 $\Rightarrow\rho_{XY}=0$.

⑧若 $(X,Y)\sim N(\mu_1,\mu_2;\sigma_1^2,\sigma_2^2;\rho_{XY})$，则 X，Y 独立 $\Leftrightarrow X$，Y 不相关 $(\rho_{XY}=0)$.

例 6.1 设随机变量 X 的概率分布为 $P\{X=k\}=\dfrac{1}{2^k},k=1,2,3,\cdots$. Y 表示 X 被 3 除的余数，则 Y 的方差为________.

【解】应填 $\dfrac{20}{49}$.

由例 3.1 可知，Y 的概率分布为 $Y\sim\begin{pmatrix}0&1&2\\\frac{1}{7}&\frac{4}{7}&\frac{2}{7}\end{pmatrix}$，所以

$$EY=0\times\frac{1}{7}+1\times\frac{4}{7}+2\times\frac{2}{7}=\frac{8}{7},$$

$$E(Y^2)=0\times\frac{1}{7}+1^2\times\frac{4}{7}+2^2\times\frac{2}{7}=\frac{12}{7},$$

$$DY=E(Y^2)-(EY)^2=\frac{12}{7}-\left(\frac{8}{7}\right)^2=\frac{20}{49}.$$

例 6.2 设随机变量 X 的概率密度为 $f(x)=\begin{cases}2^{-x}\ln 2, & x>0,\\ 0, & \text{其他}.\end{cases}$ 对 X 进行独立重复观测，直到第 2 个大于 3 的观测值出现时停止，记 Y 为观测次数 .

（1）求 Y 的概率分布；

（2）求 EY.

【解】（1）记 p 为“观测值大于 3”的概率，则 $p=P\{X>3\}=\int_3^{+\infty}2^{-x}\ln 2\mathrm{d}x=\dfrac{1}{8}$.

依题意知 Y 为离散型随机变量，而且取值为 2，3，…，则 Y 的概率分布为

$$P\{Y=k\}=\mathrm{C}_{k-1}^{1}p(1-p)^{k-2}\cdot p=\mathrm{C}_{k-1}^{1}p^2(1-p)^{k-2}=(k-1)\left(\frac{1}{8}\right)^2\left(\frac{7}{8}\right)^{k-2},\quad k=2,3,\cdots.$$

（2）

$$EY=\sum_{k=2}^{\infty}k\cdot(k-1)\left(\frac{1}{8}\right)^2\left(\frac{7}{8}\right)^{k-2}=\frac{1}{64}\sum_{k=2}^{\infty}k(k-1)\left(\frac{7}{8}\right)^{k-2}$$

$$=\frac{1}{64}\sum_{k=2}^{\infty}(x^k)''\bigg|_{x=\frac{7}{8}}=\frac{1}{64}\left(\sum_{k=2}^{\infty}x^k\right)''\bigg|_{x=\frac{7}{8}}=\frac{1}{64}\cdot\left(\frac{x^2}{1-x}\right)''\bigg|_{x=\frac{7}{8}}$$

$$=\frac{1}{64}\cdot\frac{2}{(1-x)^3}\bigg|_{x=\frac{7}{8}}=16 .$$

例 6.3 已知甲、乙两箱中装有同种产品，其中甲箱中装有 3 件合格品和 3 件次品，乙箱中仅装有 3 件合格品，从甲箱中任取 3 件放入乙箱后，乙箱中次品数 X 的数学期望为________.

读懂题：即甲中 3 合 3 次，任取 3 件，次品数 X 的 EX

【解】应填 $\dfrac{3}{2}$.

将抽取过程分解，设第 i 次取出的次品数为 $X_i(i=1,2,3)$，且 $X=\sum_{i=1}^{3}X_i$，则

$$X_i=\begin{cases}0, & \text{从甲箱取到合格品},\\ 1, & \text{从甲箱取到次品},\end{cases}\quad \text{且 } X_i\sim\begin{pmatrix}0 & 1\\ \frac{1}{2} & \frac{1}{2}\end{pmatrix},$$

于是有

$$EX_i=\frac{1}{2},\quad EX=E(X_1+X_2+X_3)=3\times\frac{1}{2}=\frac{3}{2} .$$

【注】（1）在分解从甲箱中抽取产品的过程时，每次抽到次品的概率都是相同的，其原理见例 1.3（4）.

（2）先求乙箱中次品数 X 的概率分布 .

X 的可能取值为 0，1，2，3. 由

$$P\{X=k\}=\frac{\mathrm{C}_3^k\mathrm{C}_3^{3-k}}{\mathrm{C}_6^3},\quad k=0,1,2,3,$$

得

$$X\sim\begin{pmatrix}0 & 1 & 2 & 3\\ \frac{1}{20} & \frac{9}{20} & \frac{9}{20} & \frac{1}{20}\end{pmatrix},$$

因此

$$EX=\sum_{k=0}^{3}kP\{X=k\}=\sum_{k=0}^{3}k\frac{\mathrm{C}_3^k\mathrm{C}_3^{3-k}}{\mathrm{C}_6^3}=\frac{3}{2} .$$

例 6.4 设 $X \sim f(x)=\begin{cases}\dfrac{4x^2}{a^3\sqrt{\pi}}\mathrm{e}^{-\frac{x^2}{a^2}}, & x>0,\\ 0, & x\leqslant 0,\end{cases}$ a 为正常数，则 DX=________.

【解】应填 $\left(\dfrac{3}{2}-\dfrac{4}{\pi}\right)a^2$.

$$EX=\int_0^{+\infty}\frac{4}{a^3\sqrt{\pi}}x^3\mathrm{e}^{-\frac{x^2}{a^2}}\mathrm{d}x$$

$$=\frac{2a}{\sqrt{\pi}}\cdot 2\int_0^{+\infty}\left(\frac{x}{a}\right)^{2\cdot 2-1}\mathrm{e}^{-\left(\frac{x}{a}\right)^2}\mathrm{d}\left(\frac{x}{a}\right)=\frac{2a}{\sqrt{\pi}}\cdot\Gamma(2)=\frac{2a}{\sqrt{\pi}},$$

$$E(X^2)=\frac{2a^2}{\sqrt{\pi}}\cdot 2\int_0^{+\infty}\left(\frac{x}{a}\right)^{2\cdot\frac{5}{2}-1}\mathrm{e}^{-\left(\frac{x}{a}\right)^2}\mathrm{d}\left(\frac{x}{a}\right)=\frac{2a^2}{\sqrt{\pi}}\cdot\Gamma\left(\frac{5}{2}\right)$$

$$=\frac{2a^2}{\sqrt{\pi}}\cdot\frac{3}{2}\cdot\frac{1}{2}\cdot\Gamma\left(\frac{1}{2}\right)=\frac{3}{2}a^2,$$

故
$$DX=E(X^2)-(EX)^2=\frac{3a^2}{2}-\frac{4a^2}{\pi}=\left(\frac{3}{2}-\frac{4}{\pi}\right)a^2 .$$

【注】计算积分时，若能用上“Γ 函数”的知识，会既快速又准确.

（1）定义 $\Gamma(\alpha)=\int_0^{+\infty}x^{\alpha-1}\mathrm{e}^{-x}\mathrm{d}x\xlongequal{x=t^2}2\int_0^{+\infty}t^{2\alpha-1}\mathrm{e}^{-t^2}\mathrm{d}t(x,t>0)$.

（2）递推式 $\Gamma(\alpha+1)=\int_0^{+\infty}x^{\alpha}\mathrm{e}^{-x}\mathrm{d}x=-\int_0^{+\infty}x^{\alpha}\mathrm{d}(\mathrm{e}^{-x})=-x^{\alpha}\mathrm{e}^{-x}\Big|_0^{+\infty}+\int_0^{+\infty}\mathrm{e}^{-x}\alpha x^{\alpha-1}\mathrm{d}x=\alpha\Gamma(\alpha)$,

其中 $\Gamma(1)=1$ ，$\Gamma\left(\frac{1}{2}\right)=\sqrt{\pi}$ ，故 $\Gamma(n+1)=n!,\Gamma(2)=1,\Gamma\left(\frac{5}{2}\right)=\frac{3}{2}\cdot\frac{1}{2}\cdot\Gamma\left(\frac{1}{2}\right)=\frac{3}{4}\sqrt{\pi}$.

例 6.5 设总体 X 服从 $[0,\theta]$ 上的均匀分布，θ 未知 $(\theta>0)$ ，X_1 ，X_2 ，X_3 是取自 X 的一个样本.

（1）求 $\hat{\theta}_1=\frac{4}{3}\max\limits_{1\leqslant i\leqslant 3}\{X_i\}$ ，$\hat{\theta}_2=4\min\limits_{1\leqslant i\leqslant 3}\{X_i\}$ 的数学期望;

（2）求 $\hat{\theta}_1$ ，$\hat{\theta}_2$ 的方差.

【解】（1）令 $Y=\max\limits_{1\leqslant i\leqslant 3}\{X_i\}$ ，$Z=\min\limits_{1\leqslant i\leqslant 3}\{X_i\}$ ，由例 5.6，得 Y 和 Z 的概率密度分别为

$$f_Y(y;\theta)=\begin{cases}3\left(\dfrac{y}{\theta}\right)^2\cdot\dfrac{1}{\theta}, & 0\leqslant y<\theta,\\ 0, & \text{其他},\end{cases}\quad f_Z(z;\theta)=\begin{cases}3\left(1-\dfrac{z}{\theta}\right)^2\cdot\dfrac{1}{\theta}, & 0\leqslant z<\theta,\\ 0, & \text{其他},\end{cases}$$

所以
$$EY=\frac{3}{\theta^3}\int_0^{\theta}y^3\mathrm{d}y=\frac{3}{4}\theta,\quad E\left(\frac{4}{3}\max_{1\leqslant i\leqslant 3}\{X_i\}\right)=\theta,$$

$$EZ=\frac{3}{\theta^3}\int_0^{\theta}z(\theta-z)^2\mathrm{d}z=\frac{1}{4}\theta,\quad E\left(4\min_{1\leqslant i\leqslant 3}\{X_i\}\right)=\theta .$$

（2）因为
$$DY=E(Y^2)-(EY)^2=\frac{3}{\theta}\int_0^{\theta}y^2\left(\frac{y}{\theta}\right)^2\mathrm{d}y-\left(\frac{3}{4}\theta\right)^2$$

$$=\frac{3}{\theta^3}\int_0^{\theta}y^4\mathrm{d}y-\frac{9}{16}\theta^2=\frac{3}{5}\theta^2-\frac{9}{16}\theta^2=\frac{3}{80}\theta^2,$$

所以
$$D\left(\frac{4}{3}\max_{1\leqslant i\leqslant 3}\{X_i\}\right)=\frac{16}{9}DY=\frac{1}{15}\theta^2 .$$

因为 $$DZ=E(Z^2)-(EZ)^2=\frac{3}{\theta}\int_0^\theta z^2\left(1-\frac{z}{\theta}\right)^2\mathrm{d}z-\left(\frac{1}{4}\theta\right)^2$$

$$=\frac{3}{\theta^3}\int_0^\theta z^2(\theta-z)^2\mathrm{d}z-\frac{1}{16}\theta^2=\frac{1}{10}\theta^2-\frac{1}{16}\theta^2=\frac{3}{80}\theta^2,$$

所以 $$D\left(4\min_{1\leqslant i\leqslant 3}\{X_i\}\right)=16DZ=16\cdot\frac{3}{80}\theta^2=\frac{3}{5}\theta^2.$$

例 6.6 设随机变量 X 在区间 $(0,1)$ 上服从均匀分布，当 X 取到 $x(0<x<1)$ 时，随机变量 Y 等可能地在 $(x,1)$ 上取值，则 $E(|X-Y|)$ =________.

【解】应填 $\frac{1}{4}$.

$X\sim f_X(x)=\begin{cases}1, & 0<x<1,\\ 0, & 其他.\end{cases}$ 随机变量 Y 在 $X=x$ 的条件下，在 $(x,1)$ 上服从均匀分布，所以 Y 的条件概率密度为

$$f_{Y|X}(y|x)=\begin{cases}\frac{1}{1-x}, & 0<x<y<1,\\ 0, & 其他.\end{cases}$$

故 $$f(x,y)=f_X(x)f_{Y|X}(y|x)=\begin{cases}\frac{1}{1-x}, & 0<x<y<1,\\ 0, & 其他.\end{cases}$$

因此有 $$E(|X-Y|)=\int_{-\infty}^{+\infty}\int_{-\infty}^{+\infty}|x-y|f(x,y)\mathrm{d}x\mathrm{d}y$$

$$=\iint\limits_{x<y}(y-x)f(x,y)\mathrm{d}x\mathrm{d}y$$

$$=\int_0^1\mathrm{d}x\int_x^1\frac{y-x}{1-x}\mathrm{d}y=\int_0^1\frac{\mathrm{d}x}{1-x}\int_x^1(y-x)\mathrm{d}y$$

$$=\int_0^1\frac{1-x}{2}\mathrm{d}x=\frac{1}{4}.$$

例 6.7 设随机变量 X 与 Y 相互独立，且 $X\sim N(1,2)$ ， $Y\sim N(1,4)$ ，则 $D(XY)$ =（　　）.

（A）6　　（B）8　　（C）14　　（D）15

【解】应选（C）.

$$D(XY)=DXDY+DX(EY)^2+DY(EX)^2=14.$$

例 6.8 设 n 个信封内分别装有发给 n 个人的通知，但信封上各收信人的地址是随机填写的．以 X 表示收到自己通知的人数，求 X 的数学期望和方差．

【解】①记 A_k ={ 第 k 封信的地址与内容一致 } $(k=1,2,\cdots,n)$ ．第 k 个人的通知随意装入 n 个信封中的一个信封，恰好装进写有其地址的信封的概率等于 $\frac{1}{n}$，故 $P(A_k)=\frac{1}{n}$.

引进随机变量 $$U_k=\begin{cases}1, & A_k 发生,\\ 0, & A_k 不发生,\end{cases}$$

则 $X=U_1+U_2+\cdots+U_n$ ，其中 $U_k\sim\begin{pmatrix}0 & 1\\ 1-\frac{1}{n} & \frac{1}{n}\end{pmatrix}$，从而，有

$$EU_k=\frac{1}{n},$$

故 $$EX = E(U_1+U_2+\cdots+U_n)=EU_1+EU_2+\cdots+EU_n = n\cdot\frac{1}{n}=1 .$$

②由 $P(A_k)=\frac{1}{n}$，则 $P(A_iA_j)=P(A_i)P(A_j|A_i)=\frac{1}{n}\cdot\frac{1}{n-1}=\frac{1}{n(n-1)}$. 故

$$DX = D(U_1+U_2+\cdots+U_n) = DU_1+DU_2+\cdots+DU_n+2\sum_{1\leqslant i<j\leqslant n}\mathrm{Cov}(U_i,U_j) .$$

易知 $DU_k=\frac{1}{n}\left(1-\frac{1}{n}\right)$. 又对于任意 $i\neq j$，U_iU_j 只有 0 和 1 两个可能值，且

$$P\{U_iU_j=1\}=P(U_i=1,U_j=1)=P(A_iA_j)=\frac{1}{n(n-1)},$$

从而 $U_iU_j\sim\begin{pmatrix}0 & 1\\ 1-\frac{1}{n(n-1)} & \frac{1}{n(n-1)}\end{pmatrix}$. 故对于任意 $i\neq j$，有

$$\mathrm{Cov}(U_i,U_j)=E(U_iU_j)-EU_iEU_j=\frac{1}{n(n-1)}-\frac{1}{n^2} .$$

于是 $DX=n\cdot\left[\frac{1}{n}\left(1-\frac{1}{n}\right)\right]+2\cdot \mathrm{C}_n^2\cdot\left[\frac{1}{n(n-1)}-\frac{1}{n^2}\right]=1$.

【注】该题的解法具有典型性：求解时并没有直接利用 X 的概率分布，仅利用数学期望和方差的性质 . 当然，也可以先求 X 的概率分布，然后根据定义求数学期望和方差 . 然而，求概率分布需要相当复杂的计算过程，并且由此概率分布求数学期望和方差也并非易事 .

例 6.9 随机试验 E 有三种两两不相容的结果 A_1,A_2,A_3，且三种结果发生的概率均为 $\frac{1}{3}$. 将试验 E 独立重复做 2 次，X 表示 2 次试验中结果 A_1 发生的次数，Y 表示 2 次试验中结果 A_2 发生的次数，则 X 与 Y 的相关系数为（　　）.

（A）$-\frac{1}{2}$　　（B）$-\frac{1}{3}$　　（C）$\frac{1}{3}$　　（D）$\frac{1}{2}$

【解】应选（A）.

由例 2.3 知 $$X\sim B\left(2,\frac{1}{3}\right),Y\sim B\left(2,\frac{1}{3}\right),X+Y\sim B\left(2,\frac{2}{3}\right).$$

从而 $DX=DY=\frac{4}{9}$，以及 $D(X+Y)=\frac{4}{9}$. 再由

$$D(X+Y)=DX+DY+2\mathrm{Cov}(X,Y),$$

可得 $\mathrm{Cov}(X,Y)=-\frac{2}{9}$，所以 X 与 Y 的相关系数为

$$\rho=\frac{\mathrm{Cov}(X,Y)}{\sqrt{DX}\cdot\sqrt{DY}}=-\frac{1}{2} .$$

【注】由 $P(A_1)=P(A_2)=P(A_3)=\frac{1}{3}$，得 $X\sim B\left(2,\frac{1}{3}\right)$，$Y\sim B\left(2,\frac{1}{3}\right)$. X 与 Y 的相关系数为 $\rho_{XY}=\frac{\mathrm{Cov}(X,Y)}{\sqrt{DX}\sqrt{DY}}$. 显然

$$EX=EY=\frac{2}{3},\ DX=DY=2\times\frac{1}{3}\times\frac{2}{3}=\frac{4}{9},$$

易知 $\mathrm{Cov}(X,Y)=E(XY)-EXEY$，为求 $E(XY)$，先求出 XY 的分布.

X 和 Y 的可能取值均为 0，1，2，且由题意可知 $X+Y\leqslant 2$，所以 XY 的可能取值应为 0，1.

$$P\{XY=1\}=P\{X=1,\ Y=1\}=2\times\frac{1}{3}\times\frac{1}{3}=\frac{2}{9},\ P\{XY=0\}=1-\frac{2}{9}=\frac{7}{9}.$$

故 XY 的分布为

XY	0	1
P	$\frac{7}{9}$	$\frac{2}{9}$

，$E(XY)=\frac{2}{9}$，故

$$\mathrm{Cov}(X,Y)=E(XY)-EXEY=\frac{2}{9}-\frac{2}{3}\times\frac{2}{3}=-\frac{2}{9},\rho_{XY}=\frac{\mathrm{Cov}(X,Y)}{\sqrt{DX}\sqrt{DY}}=\frac{-\frac{2}{9}}{\frac{2}{3}\times\frac{2}{3}}=-\frac{1}{2}.$$

五 独立性与不相关性的判定

（1）用分布判独立.

否定方法：$\exists x_0,y_0$，使 $F(x_0,y_0)\neq F_X(x_0)\cdot F_Y(y_0)\Leftrightarrow X,Y$ 不独立.

随机变量 X 与 Y 相互独立，指对任意实数 x，y，事件 $\{X\leqslant x\}$ 与 $\{Y\leqslant y\}$ 相互独立，即 X 和 Y 的联合分布等于边缘分布相乘：$F(x,y)=F_X(x)\cdot F_Y(y)$.

①若 (X,Y) 是连续型的，则 X 与 Y 相互独立的充要条件是 $f(x,y)=f_X(x)\cdot f_Y(y)$；

②若 (X,Y) 是离散型的，则 X 与 Y 相互独立的充要条件是

$$P\{X=x_i,Y=y_j\}=P\{X=x_i\}\cdot P\{Y=y_j\}.$$

（2）用数字特征判不相关.

随机变量 X 与 Y 不相关，意指 X 与 Y 之间不存在线性相依性，即 $\rho_{XY}=0$，其充要条件是

$$\rho_{XY}=0\Leftrightarrow \mathrm{Cov}(X,Y)=0\Leftrightarrow E(XY)=EXEY\Leftrightarrow D(X\pm Y)=DX+DY.$$

（3）步骤.

先计算 $\mathrm{Cov}(X,Y)$，而后按下列步骤进行判断或再计算：

$$\mathrm{Cov}(X,Y)=E(XY)-EXEY\begin{cases}\neq 0\Leftrightarrow X\text{与}Y\text{相关}\Rightarrow X\text{与}Y\text{不独立}.\\ =0\Leftrightarrow X\text{与}Y\text{不相关，通过分布推断}\begin{cases}X,\ Y\text{独立},\\ X,\ Y\text{不独立}.\end{cases}\end{cases}$$

（4）重要结论.

① 如果 X 与 Y 独立，则 X，Y 不相关，反之不然.

② 由“①”知，如果 X 与 Y 相关，则 X，Y 不独立.

③ 如果 (X,Y) 服从二维正态分布，则 X，Y 独立 $\Leftrightarrow X$，Y 不相关.

④ 如果 X 与 Y 均服从 0—1 分布，则 X，Y 独立 $\Leftrightarrow X$，Y 不相关.

【注】（1）上述讨论均假设方差存在并且不为零.

（2）结论④的证明.

证

$$X \sim \begin{pmatrix} 0 & 1 \\ 1-p_1 & p_1 \end{pmatrix}, \quad Y \sim \begin{pmatrix} 0 & 1 \\ 1-p_2 & p_2 \end{pmatrix},$$

只需证“$\rho_{XY}=0 \Rightarrow X$ 与 Y 独立”.

$EX=p_1$，$EY=p_2$，由于 $\rho_{XY}=0$，因此

$$E(XY)=EXEY=p_1p_2,$$

即 $XY \sim \begin{pmatrix} 0 & 1 \\ 1-p_1p_2 & p_1p_2 \end{pmatrix}$，可得 (X,Y) 的分布律为

$X \backslash Y$	0	1	
0	$(1-p_1)(1-p_2)$	$p_2(1-p_1)$	$1-p_1$
1	$p_1(1-p_2)$	p_1p_2	p_1
	$1-p_2$	p_2	

所以

$$P\{X=1,Y=1\}=P\{X=1\}\cdot P\{Y=1\},$$
$$P\{X=1,Y=0\}=P\{X=1\}\cdot P\{Y=0\},$$
$$P\{X=0,Y=1\}=P\{X=0\}\cdot P\{Y=1\},$$
$$P\{X=0,Y=0\}=P\{X=0\}\cdot P\{Y=0\},$$

结论得证.

（3）若 X 与 Y 均服从一般的两点分布，即 $X \sim \begin{pmatrix} a & b \\ p_1 & 1-p_1 \end{pmatrix}, Y \sim \begin{pmatrix} a & b \\ p_2 & 1-p_2 \end{pmatrix}$，可令 $\xi=\dfrac{X-a}{b-a}$，$\eta=\dfrac{Y-a}{b-a}$，此时 ξ 与 η 均服从 0—1 分布，根据上述结论④，知 ξ 与 η 独立 $\Leftrightarrow \xi$ 与 η 不相关.

而 $\dfrac{X-a}{b-a}$ 与 $\dfrac{Y-a}{b-a}$ 独立 $\Leftrightarrow X$ 与 Y 独立，且

$$\mathrm{Cov}\left(\frac{X-a}{b-a},\frac{Y-a}{b-a}\right)=\frac{1}{(b-a)^2}\mathrm{Cov}(X-a,Y-a)=\frac{1}{(b-a)^2}\mathrm{Cov}(X,Y),$$

这表明 $\dfrac{X-a}{b-a}$ 与 $\dfrac{Y-a}{b-a}$ 不相关 $\Leftrightarrow X$ 与 Y 不相关.

综上，X 与 Y 独立 $\Leftrightarrow X$ 与 Y 不相关.

例 6.10 设随机变量 X 与 Y 相互独立，X 服从参数为 1 的指数分布，Y 的概率分布为 $P\{Y=-1\}=p$，$P\{Y=1\}=1-p(0<p<1)$，令 $Z=XY$.

（1）求 Z 的概率密度；

（2）p 为何值，X 与 Z 不相关?

（3）X 与 Z 是否相互独立?

【解】（1）Z 的分布函数为

$$\begin{aligned} F_Z(z)&=P\{Z \leqslant z\} \\ &=P\{Y=-1\}P\{XY \leqslant z \mid Y=-1\}+P\{Y=1\}P\{XY \leqslant z \mid Y=1\} \\ &=pP\{-X \leqslant z\}+(1-p)P\{X \leqslant z\}. \end{aligned}$$

当 $z<0$ 时，$F_Z(z)=pP\{X\geqslant -z\}+(1-p)\cdot 0=p\mathrm{e}^{z}$ ；

当 $z\geqslant 0$ 时，$F_Z(z)=p\cdot 1+(1-p)P\{X\leqslant z\}=1-(1-p)\mathrm{e}^{-z}$.

所以 Z 的概率密度为

$$f_Z(z)=F_Z'(z)=\begin{cases}p\mathrm{e}^{z}, & z<0,\\ (1-p)\mathrm{e}^{-z}, & z\geqslant 0.\end{cases}$$

（2）

$$\begin{aligned}\mathrm{Cov}(X,Z)&=E(XZ)-EXEZ=E(X^2Y)-EX\cdot E(XY)\\&=E(X^2)\cdot EY-(EX)^2\cdot EY=DX\cdot EY\\&=1-2p,\end{aligned}$$

令 $\mathrm{Cov}(X,Z)=0$，解得 $p=\dfrac{1}{2}$. 所以当 $p=\dfrac{1}{2}$ 时，X 与 Z 不相关.

（3）因为

$X\geqslant 1$

$\Uparrow$

$Y=-1$ 时，$X\leqslant 1$ 且 $X(-1)\leqslant -1\Rightarrow X=1\Rightarrow P=0$ ；

$Y=1$ 时，$X\leqslant 1$ 且 $X\leqslant -1\Rightarrow X\leqslant -1\Rightarrow P=0$.

$$P\{X\leqslant 1,Z\leqslant -1\}=P\{X\leqslant 1,XY\leqslant -1\}=0,$$

$$P\{X\leqslant 1\}>0,\quad P\{Z\leqslant -1\}>0,$$

所以 $P\{X\leqslant 1,Z\leqslant -1\}\neq P\{X\leqslant 1\}P\{Z\leqslant -1\}$，故 X 与 Z 不相互独立.

六 切比雪夫不等式

设随机变量 X 的数学期望与方差均存在，则对任意 $\varepsilon>0$，

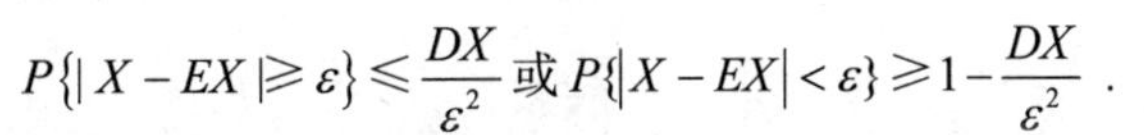

$$P\{|X-EX|\geqslant\varepsilon\}\leqslant\frac{DX}{\varepsilon^2}\ \text{或}\ P\{|X-EX|<\varepsilon\}\geqslant 1-\frac{DX}{\varepsilon^2}.$$

例 6.11 设随机变量 X_1，X_2，…，X_n 独立同分布，记 $E(X_i^k)=\mu_k(k=1,2,3,4)$，则由切比雪夫不等式，对任意 $\varepsilon>0$，有 $P\left\{\left|\dfrac{1}{n}\sum\limits_{i=1}^{n}X_i^2-\mu_2\right|\geqslant\varepsilon\right\}\leqslant$（　　）.

（A）$\dfrac{\mu_4-\mu_2^2}{n\varepsilon^2}$　（B）$\dfrac{\mu_4-\mu_2^2}{\sqrt{n}\varepsilon^2}$　（C）$\dfrac{\mu_2-\mu_1^2}{n\varepsilon^2}$　（D）$\dfrac{\mu_2-\mu_1^2}{\sqrt{n}\varepsilon^2}$

【解】应选（A）.

由 $\mu_k=E(X_i^k)$，知

$$\mu_2=E\left(\frac{1}{n}\sum_{i=1}^{n}X_i^2\right)=E(X_i^2),$$

$$D\left(\frac{1}{n}\sum_{i=1}^{n}X_i^2\right)=\frac{1}{n^2}\cdot n\cdot\{E(X_i^4)-[E(X_i^2)]^2\}=\frac{1}{n}(\mu_4-\mu_2^2),$$

故

$$P\left\{\left|\frac{1}{n}\sum_{i=1}^{n}X_i^2-\mu_2\right|\geqslant\varepsilon\right\}\leqslant\frac{D\left(\frac{1}{n}\sum\limits_{i=1}^{n}X_i^2\right)}{\varepsilon^2}=\frac{\mu_4-\mu_2^2}{n\varepsilon^2}.$$

故选（A）.

第7讲 大数定律与中心极限定理

知识结构

- 依概率收敛
  - $\lim\limits_{n\to\infty}P\{|X_n-X|\geqslant\varepsilon\}=0$
  - $\lim\limits_{n\to\infty}P\{|X_n-X|<\varepsilon\}=1$
- 大数定律
  - 切比雪夫大数定律 — $\dfrac{1}{n}\sum\limits_{i=1}^{n}X_i\xrightarrow{P}\dfrac{1}{n}\sum\limits_{i=1}^{n}EX_i$
  - 伯努利大数定律 — $\lim\limits_{n\to\infty}P\left\{\left|\dfrac{\mu_n}{n}-p\right|<\varepsilon\right\}=1$
  - 辛钦大数定律 — $\lim\limits_{n\to\infty}P\left\{\left|\dfrac{1}{n}\sum\limits_{i=1}^{n}X_i-\mu\right|<\varepsilon\right\}=1$
  - 考结论 — $\dfrac{1}{n}\sum\limits_{i=1}^{n}X_i\xrightarrow{P}E\left(\dfrac{1}{n}\sum\limits_{i=1}^{n}X_i\right)$
- 中心极限定理
  - 列维－林德伯格定理 — $\lim\limits_{n\to\infty}P\left\{\dfrac{\sum\limits_{i=1}^{n}X_i-n\mu}{\sqrt{n}\sigma}\leqslant x\right\}=\dfrac{1}{\sqrt{2\pi}}\int_{-\infty}^{x}\mathrm{e}^{-\frac{1}{2}t^2}\mathrm{d}t=\Phi(x)$
  - 棣莫弗－拉普拉斯定理 — $\lim\limits_{n\to\infty}P\left\{\dfrac{Y_n-np}{\sqrt{np(1-p)}}\leqslant x\right\}=\dfrac{1}{\sqrt{2\pi}}\int_{-\infty}^{x}\mathrm{e}^{-\frac{t^2}{2}}\mathrm{d}t=\Phi(x)$
  - 考结论 — $\lim\limits_{n\to\infty}P\left\{\dfrac{\sum\limits_{i=1}^{n}X_i-n\mu}{\sqrt{n}\sigma}\leqslant x\right\}=\Phi(x)$

一 依概率收敛

设随机变量 X 与随机变量序列 $\{X_n\}(n=1,2,3,\cdots)$，如果对任意的 $\varepsilon>0$，有

$$\lim_{n\to\infty}P\{|X_n-X|\geqslant\varepsilon\}=0 \text{ 或 } \lim_{n\to\infty}P\{|X_n-X|<\varepsilon\}=1,$$

则称随机变量序列 $\{X_n\}$ **依概率收敛于随机变量** X，记为 $\lim\limits_{n\to\infty}X_n=X(P)$ 或 $X_n\xrightarrow{P}X(n\to\infty)$.

【注】（1）以上定义中将随机变量 X 写成数 a 也成立.

（2）设 $X_n\xrightarrow{P}X$，$Y_n\xrightarrow{P}Y$，$g(x,y)$ 是二元连续函数，则 $g(X_n,Y_n)\xrightarrow{P}g(X,Y)$.

一般地，对 m 元连续函数 $g(x_1,x_2,\cdots,x_m)$，上述结论亦成立.

（3）在讨论未知参数估计量是否具有一致性（相合性）时，常常要用到依概率收敛这一性质和大数定律.

二 大数定律

切比雪夫大数定律要求：
①相互独立（可放宽到两两不相关）；
②方差存在且一致有上界.

1. 切比雪夫大数定律

假设 $\{X_n\}(n=1,2,\cdots)$ 是相互独立的随机变量序列，如果方差 $DX_i(i\geqslant 1)$ 存在且一致有上界，即存在常数 C，使 $DX_i\leqslant C$ 对一切 $i\geqslant 1$ 均成立，则 $\{X_n\}$ 服从大数定律：

$$\frac{1}{n}\sum_{i=1}^{n}X_i \xrightarrow{P} \frac{1}{n}\sum_{i=1}^{n}EX_i .$$

2. 伯努利大数定律

假设 μ_n 是 n 重伯努利试验中事件 A 发生的次数，在每次试验中事件 A 发生的概率为 $p(0<p<1)$，则 $\frac{\mu_n}{n}\xrightarrow{P}p$，即对任意 $\varepsilon>0$，有

$$\lim_{n\to\infty}P\left\{\left|\frac{\mu_n}{n}-p\right|<\varepsilon\right\}=1 .$$

【注】（仅数学三）在数理统计中，若 $(x_1,x_2,\cdots,x_n)$ 为总体样本 $(X_1,X_2,\cdots,X_n)$ 的一个观测值，按大小顺序排列为 $x_{(1)}\leqslant x_{(2)}\leqslant\cdots\leqslant x_{(n)}$. 对任意实数 x，称函数

$$F_n(x)=\frac{x_1,x_2,\cdots,x_n\text{中小于等于}x\text{的样本值个数}}{n}$$

$$=\begin{cases}0, & x<x_{(1)},\\ \dfrac{k}{n}, & x_{(k)}\leqslant x<x_{(k+1)}(k=1,2,\cdots,n-1),\\ 1, & x\geqslant x_{(n)}\end{cases}$$

为样本 $(X_1,X_2,\cdots,X_n)$ 的**经验分布函数**.

事实上，$F_n(x)$ 就是事件 $\{X\leqslant x\}$ 在 n 次试验中出现的频率，而 $P\{X\leqslant x\}=F(x)$ 是事件 $\{X\leqslant x\}$ 出现的概率，由伯努利大数定律（即频率收敛于概率）可知，当 n 充分大时，$F_n(x)$ 可作为未知分布函数 $F(x)$ 的一个近似，n 越大，近似效果越好.

3. 辛钦大数定律

辛钦大数定律要求：
①相互独立；②同分布；③期望存在.

假设 $\{X_n\}(n=1,2,\cdots)$ 是独立同分布的随机变量序列，如果数学期望 $EX_i=\mu(i=1,2,\cdots)$ 存在，则 $\frac{1}{n}\sum_{i=1}^{n}X_i\xrightarrow{P}\mu$，即对任意 $\varepsilon>0$，有

$$\lim_{n\to\infty}P\left\{\left|\frac{1}{n}\sum_{i=1}^{n}X_i-\mu\right|<\varepsilon\right\}=1 .$$

4. 考结论

在满足一定条件时，大数定律都在讲同一个结论，即

$$\frac{1}{n}\sum_{i=1}^{n}X_i\xrightarrow{P}E\left(\frac{1}{n}\sum_{i=1}^{n}X_i\right).$$

三 中心极限定理

1. 列维－林德伯格定理

假设 $\{X_n\}$ 是独立同分布的随机变量序列，如果 $EX_i=\mu$，$DX_i=\sigma^2>0(i=1,2,\cdots)$ 存在，则 $\{X_n\}$ 服从中心极限定理，即对任意的实数 x，有

$$\lim_{n\to\infty}P\left\{\frac{\sum_{i=1}^{n}X_i-n\mu}{\sqrt{n}\sigma}\leqslant x\right\}=\frac{1}{\sqrt{2\pi}}\int_{-\infty}^{x}\mathrm{e}^{-\frac{1}{2}t^2}\mathrm{d}t=\Phi(x).$$

【注】（1）定理的三个条件“独立、同分布、期望与方差存在”，缺一不可．

（2）只要 X_n 满足定理条件，那么当 n 很大时，独立同分布随机变量的和 $\sum_{i=1}^{n}X_i$ 近似服从正态分布 $N(n\mu,n\sigma^2)$，由此可知，当 n 很大时，有

$$P\left\{a<\sum_{i=1}^{n}X_i<b\right\}\approx\Phi\left(\frac{b-n\mu}{\sqrt{n}\sigma}\right)-\Phi\left(\frac{a-n\mu}{\sqrt{n}\sigma}\right),$$

这常常是解题的依据．只要题目涉及独立同分布随机变量的和 $\sum_{i=1}^{n}X_i$，我们就要考虑独立同分布的中心极限定理．

2. 棣莫弗－拉普拉斯定理

假设随机变量 $Y_n\sim B(n,p)(0<p<1,n\geqslant1)$，则对任意实数 x，有

$$\lim_{n\to\infty}P\left\{\frac{Y_n-np}{\sqrt{np(1-p)}}\leqslant x\right\}=\frac{1}{\sqrt{2\pi}}\int_{-\infty}^{x}\mathrm{e}^{-\frac{t^2}{2}}\mathrm{d}t=\Phi(x).$$

【注】（1）如果记 $X_i\sim B(1,p)(0<p<1)$，即 $X_i\sim\begin{pmatrix}1&0\\p&1-p\end{pmatrix}$ 且相互独立，则

$$Y_n=\sum_{i=1}^{n}X_i\sim B(n,p),$$

由列维－林德伯格定理推出棣莫弗－拉普拉斯定理．

（2）二项分布概率计算的三种方法．

设 $X\sim B(n,p)$．

①当 n 不太大时 $(n\leqslant10)$，直接计算

$$P\{X=k\}=\mathrm{C}_n^kp^k(1-p)^{n-k},\quad k=0,1,\cdots,n;$$

②当 n 较大且 p 较小时 $(n>10,p<0.1)$，$\lambda=np$ 适中，根据泊松定理有近似公式

$$P\{X=k\}=\mathrm{C}_n^kp^k(1-p)^{n-k}\approx\frac{\lambda^k}{k!}\mathrm{e}^{-\lambda},\quad k=0,1,\cdots,n;$$

③当 n 较大而 p 不太大时 $(p<0.1,np\geqslant10)$，根据中心极限定理，有近似公式

$$P\{a < X < b\} \approx \Phi\left(\frac{b-np}{\sqrt{np(1-p)}}\right) - \Phi\left(\frac{a-np}{\sqrt{np(1-p)}}\right).$$

3. 考结论

设X_i独立同分布于某一分布，期望、方差均存在，则当$n \to \infty$时，$\sum_{i=1}^{n} X_i$服从正态分布，即不论

$X_i \overset{iid}{\sim} F(\mu,\sigma^2)$，$\mu = EX_i$，$\sigma^2 = DX_i \Rightarrow \sum_{i=1}^{n} X_i \overset{n\to\infty}{\sim} N(n\mu, n\sigma^2) \Rightarrow \frac{\sum_{i=1}^{n} X_i - n\mu}{\sqrt{n}\sigma} \overset{n\to\infty}{\sim} N(0,1)$，即

$$\lim_{n\to\infty} P\left\{\frac{\sum_{i=1}^{n} X_i - n\mu}{\sqrt{n}\sigma} \leqslant x\right\} = \Phi(x) .$$

例 7.1 设$\{X_n\}$是一随机变量序列，$X_n(n=1,2,\cdots)$的概率密度为

$$f_n(x) = \frac{n}{\pi(1+n^2x^2)}, \quad -\infty < x < +\infty ,$$

证明：$X_n \xrightarrow{P} 0(n \to \infty)$.

【证】对任意给定的$\varepsilon > 0$，由于

$$P\{|X_n - 0| < \varepsilon\} = \int_{-\varepsilon}^{\varepsilon} \frac{n}{\pi(1+n^2x^2)} \mathrm{d}x = \frac{2}{\pi}\arctan(n\varepsilon) ,$$

故$\lim_{n\to\infty} P\{|X_n| < \varepsilon\} = \lim_{n\to\infty} \frac{2}{\pi}\arctan(n\varepsilon) = 1$，所以$X_n \xrightarrow{P} 0(n \to \infty)$.

例 7.2 设总体X服从参数为2的指数分布，X_1，X_2，…，X_n为来自总体X的简单随机样本，则当$n \to \infty$时，$Y_n = \frac{1}{n}\sum_{i=1}^{n} X_i^2$依概率收敛于________.

【解】应填$\frac{1}{2}$.

本题主要考查辛钦大数定律 . 由题设，$X_i(i=1,2,\cdots,n)$均服从参数为2的指数分布，因此，

$$E(X_i^2) = DX_i + (EX_i)^2 = \frac{2}{\lambda^2} = \frac{1}{2} .$$

根据辛钦大数定律，若X_1，X_2，…，X_n独立同分布且具有相同的数学期望，即$EX_i = \mu$，则对任意的正数ε，有

$$\lim_{n\to\infty} P\left\{\left|\frac{1}{n}\sum_{i=1}^{n} X_i - \mu\right| < \varepsilon\right\} = 1 ,$$

从而，本题有

$$\lim_{n\to\infty} P\left\{\left|\frac{1}{n}\sum_{i=1}^{n} X_i^2 - \frac{1}{2}\right| < \varepsilon\right\} = 1 ,$$

即当$n \to \infty$时，$Y_n = \frac{1}{n}\sum_{i=1}^{n} X_i^2$依概率收敛于$\frac{1}{2}$.

例 7.3 **（仅数学三）**设$(2,1,5,2,1,3,1)$是来自总体X的简单随机样本值，求总体X的经验分布

函数 $F_7(x)$.

【解】将各观测值按从小到大的顺序排列，得 1，1，1，2，2，3，5，则经验分布函数为

$$F_7(x)=\begin{cases}0, & x<1,\\ \dfrac{3}{7}, & 1\leqslant x<2,\\ \dfrac{5}{7}, & 2\leqslant x<3,\\ \dfrac{6}{7}, & 3\leqslant x<5,\\ 1, & x\geqslant 5.\end{cases}$$

例 7.4　设随机变量序列 X_1 ，X_2 ，…，X_n ，…相互独立同分布，且 $EX_n=0$ ，则 $\lim\limits_{n\to\infty}P\left\{\sum\limits_{i=1}^{n}X_i<n\right\}=$ ________.

【解】应填 1.

由于 $\dfrac{1}{n}\sum\limits_{i=1}^{n}X_i\xrightarrow{P}EX_n=0$ ，即对任意 $\varepsilon>0$ 有 $\lim\limits_{n\to\infty}P\left\{\left|\dfrac{1}{n}\sum\limits_{i=1}^{n}X_i\right|\geqslant\varepsilon\right\}=0$ ，取 $\varepsilon=1$ 以及由 $\left\{\dfrac{1}{n}\sum\limits_{i=1}^{n}X_i\geqslant 1\right\}\subseteq\left\{\left|\dfrac{1}{n}\sum\limits_{i=1}^{n}X_i\right|\geqslant 1\right\}$ ，可得

$$0\leqslant\lim_{n\to\infty}P\left\{\frac{1}{n}\sum_{i=1}^{n}X_i\geqslant 1\right\}\leqslant\lim_{n\to\infty}P\left\{\left|\frac{1}{n}\sum_{i=1}^{n}X_i\right|\geqslant 1\right\}=0,$$

从而有 $\lim\limits_{n\to\infty}P\left\{\sum\limits_{i=1}^{n}X_i<n\right\}=\lim\limits_{n\to\infty}P\left\{\dfrac{1}{n}\sum\limits_{i=1}^{n}X_i<1\right\}=\lim\limits_{n\to\infty}\left(1-P\left\{\dfrac{1}{n}\sum\limits_{i=1}^{n}X_i\geqslant 1\right\}\right)=1$.

例 7.5　某保险公司接受了 10 000 辆汽车的保险，每辆每年的保费为 1.2 万元. 若汽车丢失，则车主获得赔偿 100 万元. 设汽车的丢失率为 0.006，对于此项业务，利用中心极限定理，则保险公司一年所获利润不少于 6 000 万元的概率为________.

【解】应填 0.5.

设 X 为“需要赔偿的车主人数”，则需要赔偿的金额为 $Y=100X$ （万元），保费总收入 $C=12\ 000$ 万元. 易见，随机变量 X 服从参数为 (n,p) 的二项分布，其中 $n=10\ 000$ ，$p=0.006$ ，且

$$EX=np=60,\quad DX=np(1-p)=59.64 .$$

由棣莫弗 - 拉普拉斯定理知，随机变量 X 近似服从正态分布 $N(60,59.64)$ ，则随机变量 Y 近似服从正态分布 $N(6\ 000,596\ 400)$.

保险公司一年所获利润不少于 6 000 万元的概率为

$$P\{12\ 000-Y\geqslant 6\ 000\}=P\{Y\leqslant 6\ 000\}=P\left\{\frac{Y-6\ 000}{\sqrt{596\ 400}}\leqslant 0\right\}\approx\Phi(0)=0.5 .$$

第8讲 统计量及其分布

知识结构

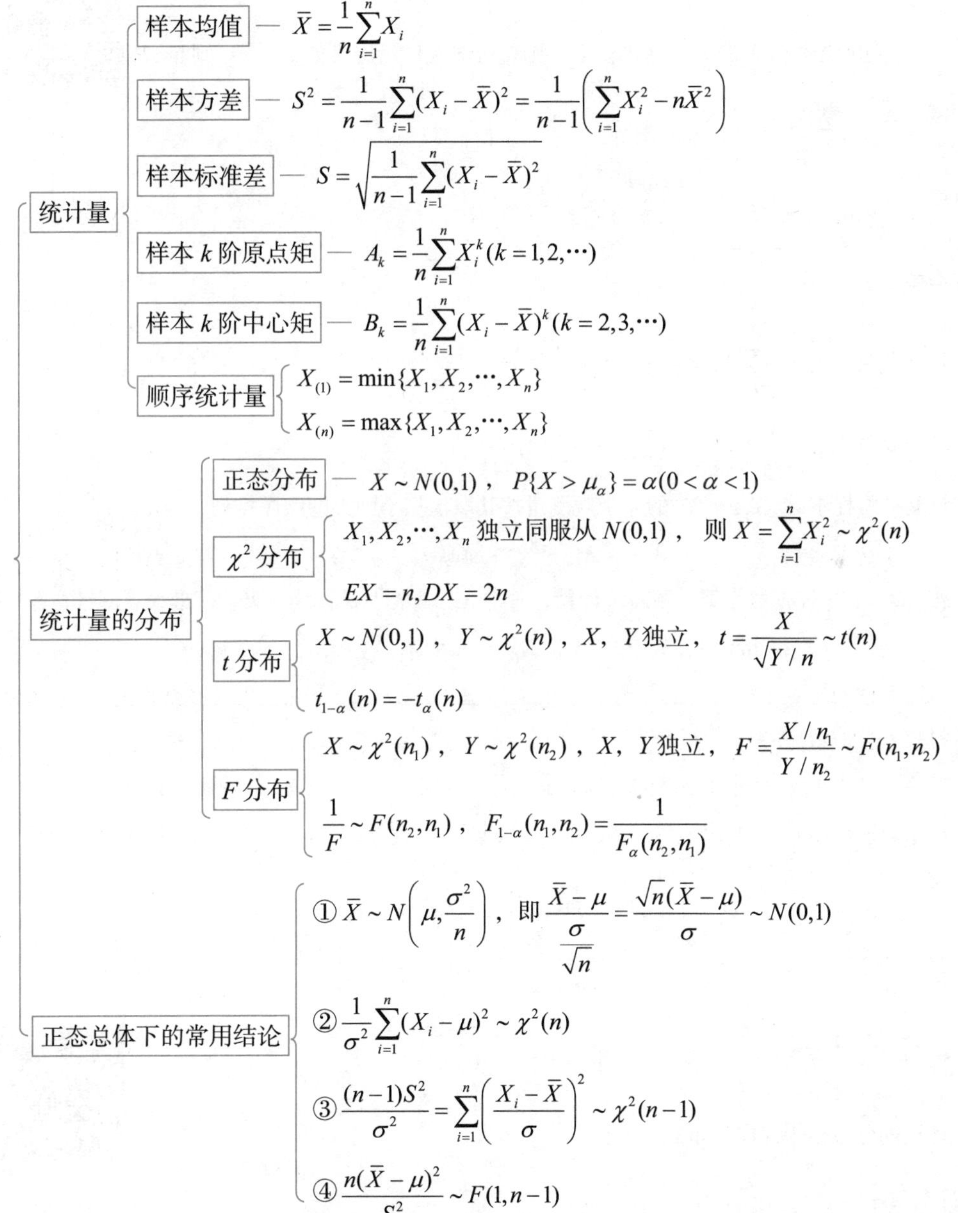

研究对象的某数量指标的全体称为总体 X，n 个相互独立且与总体 X 具有相同概率分布的随机变量 $X_1,X_2,\cdots,X_n$ 所组成的整体 $(X_1,X_2,\cdots,X_n)$ 称为来自总体 X 的容量为 n 的一个**简单随机样本**，简称**样本**. 一次抽样结果的 n 个具体数值 $(x_1,x_2,\cdots,x_n)$ 称为样本 $X_1,X_2,\cdots,X_n$ 的一个**观测值**（或**样本值**）. ①

当 $X_1,X_2,\cdots,X_n$ 为来自总体 X 的一个样本时，$g(x_1,x_2,\cdots,x_n)$ 为 n 元函数，如果 g 中不含任何未知参数，则称 $g(X_1,X_2,\cdots,X_n)$ 为样本 $X_1,X_2,\cdots,X_n$ 的一个**统计量**. 统计量就是由统计数据计算得来的量. 统计量是不含未知参数的随机变量的函数. ②

①总结为：$X_i \overset{iid}{\sim} X \sim F(x) \begin{cases} p_i \\ f(x) \end{cases}$

一 统计量

②总结为：统计量是随机变量的函数（不含未知参数）

设 $X_1,X_2,\cdots,X_n$ 是来自总体 X 的简单随机样本，则相应的统计量定义如下.

①**样本均值** $\bar{X}=\frac{1}{n}\sum_{i=1}^{n}X_i$.

②**样本方差** $S^2=\frac{1}{n-1}\sum_{i=1}^{n}\left(X_i-\bar{X}\right)^2=\frac{1}{n-1}\left(\sum_{i=1}^{n}X_i^2-n\bar{X}^2\right)$；

样本标准差 $S=\sqrt{\frac{1}{n-1}\sum_{i=1}^{n}\left(X_i-\bar{X}\right)^2}$.

③**样本 k 阶原点矩** $A_k=\frac{1}{n}\sum_{i=1}^{n}X_i^k\ (k=1,2,\cdots)$.

④**样本 k 阶中心矩** $B_k=\frac{1}{n}\sum_{i=1}^{n}\left(X_i-\bar{X}\right)^k\left(k=2,3,\cdots\right)$.

⑤**顺序统计量** 将样本 $X_1,X_2,\cdots,X_n$ 的 n 个观测量按其取值从小到大的顺序排列，得

$$X_{(1)}\leqslant X_{(2)}\leqslant\cdots\leqslant X_{(n)}.$$

随机变量 $X_{(k)}(k=1,2,\cdots,n)$ 称作**第 k 顺序统计量**，其中 $X_{(1)}$ 是最小观测量，$X_{(n)}$ 是最大观测量，即

$$X_{(1)}=\min\{X_1,X_2,\cdots,X_n\},\quad X_{(n)}=\max\{X_1,X_2,\cdots,X_n\}.$$

【注】常用的统计量的数字特征.

设总体 X（不论 X 服从何种分布）的期望 $EX=\mu$，方差 $DX=\sigma^2, X_1,X_2,\cdots,X_n$ 为来自总体 X 的一个简单随机样本，记样本均值 $\bar{X}=\frac{1}{n}\sum_{i=1}^{n}X_i$，样本方差 $S^2=\frac{1}{n-1}\sum_{i=1}^{n}(X_i-\bar{X})^2$, 则

$$E\bar{X}=EX=\mu;D\bar{X}=\frac{1}{n}DX=\frac{\sigma^2}{n};\quad E(S^2)=DX=\sigma^2.$$

二 统计量的分布

定义：统计量的分布称为抽样分布.

1. 正态分布

（1）概念.

如果 X 的概率密度为

$$f(x)=\frac{1}{\sqrt{2\pi}\sigma}e^{-\frac{1}{2}\left(\frac{x-\mu}{\sigma}\right)^2}\ (-\infty<x<+\infty),$$

其中 $-\infty<\mu<+\infty$，$\sigma>0$，则称 X 服从参数为 (μ,σ^2) 的**正态分布**或称 X 为**正态变量**，记为 $X\sim N(\mu,\sigma^2)$．

（2）上 α 分位数．

若 $X\sim N(0,1)$，$P\{X>\mu_\alpha\}=\alpha(0<\alpha<1)$，则称 μ_α 为标准正态分布的**上 α 分位数**（见图 8-1）．

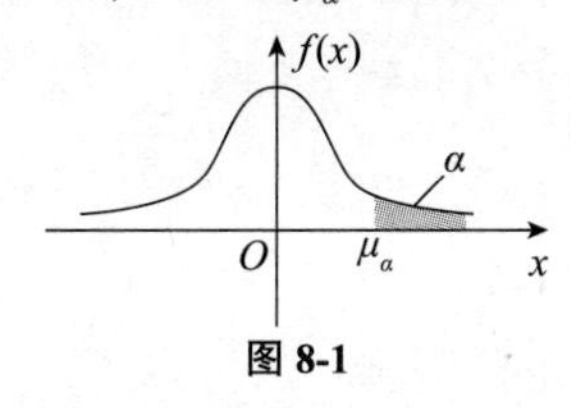

图 8-1

【注】某分布上 α 分位数（亦称上 α 分位点）为 μ_α 意指：点 μ_α 上侧（即右侧），该概率密度曲线下方，x 轴上方图形面积为 α．《全国硕士研究生招生考试数学考试大纲》中规定的便是上 α 分位数．

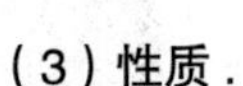

（3）性质．

$f(x)$ 的图形关于直线 $x=\mu$ 对称，即 $f(\mu-x)=f(\mu+x)$，并在 $x=\mu$ 处有唯一最大值

$$f(\mu)=\frac{1}{\sqrt{2\pi}\sigma}.$$

称 $\mu=0$，$\sigma=1$ 时的正态分布 $N(0,1)$ 为**标准正态分布**，通常记标准正态分布的概率密度为 $\varphi(x)=\frac{1}{\sqrt{2\pi}}e^{-\frac{1}{2}x^2}$，分布函数为 $\Phi(x)=\frac{1}{\sqrt{2\pi}}\int_{-\infty}^{x}e^{-\frac{t^2}{2}}dt$．显然 $\varphi(x)$ 为偶函数，且有

$$\Phi(0)=\frac{1}{2},\Phi(-x)=1-\Phi(x).$$

2. χ^2 分布

（1）概念．

若随机变量 $X_1,X_2,\cdots,X_n$ 相互独立，且都服从标准正态分布，则随机变量 $X=\sum_{i=1}^{n}X_i^2$ 服从自由度为 n 的 χ^2 分布，记为 $X\sim\chi^2(n)$．

和式中独立变量的个数为自由度

（2）上 α 分位数．

对给定的 $\alpha(0<\alpha<1)$，称满足

$$P\{\chi^2>\chi_\alpha^2(n)\}=\int_{\chi_\alpha^2(n)}^{+\infty}f(x)dx=\alpha$$

的 $\chi_\alpha^2(n)$ 为 $\chi^2(n)$ 分布的**上 α 分位数**（见图 8-2）．对于不同的 α，n，$\chi^2(n)$ 分布上 α 分位数可通过查表求得．

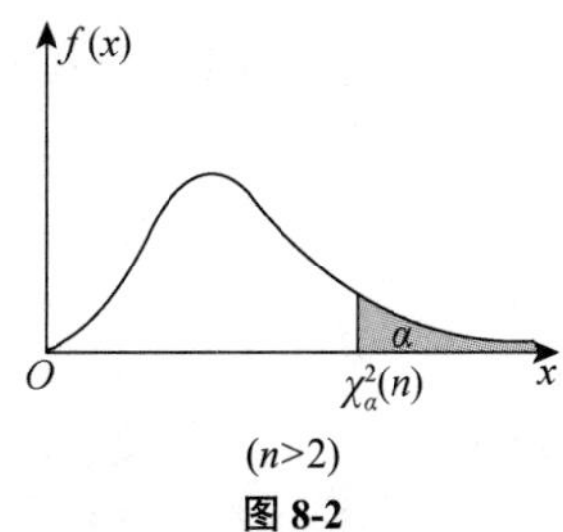

$(n>2)$

图 8-2

（3）性质．

①若 $X_1\sim\chi^2(n_1)$，$X_2\sim\chi^2(n_2)$，X_1 与 X_2 相互独立，则

$$X_1+X_2\sim\chi^2(n_1+n_2).$$

此结论可推广至有限多个的和．

【注】常见分布的可加性.

有些相互独立且服从同类型分布的随机变量，其和的分布也是同类型的，它们分别是二项分布、泊松分布、正态分布与 χ^2 分布.

设随机变量 X 与 Y 相互独立，则：

若 $X\sim B(n,p)$，$Y\sim B(m,p)$，则 $X+Y\sim B(n+m,p)$（注意仅 p 相同时成立）；

若 $X\sim P(\lambda_1)$，$Y\sim P(\lambda_2)$，则 $X+Y\sim P(\lambda_1+\lambda_2)$；

若 $X\sim N(\mu_1,\sigma_1^2)$，$Y\sim N(\mu_2,\sigma_2^2)$，则 $X+Y\sim N(\mu_1+\mu_2,\sigma_1^2+\sigma_2^2)$；

若 $X\sim\chi^2(n)$，$Y\sim\chi^2(m)$，则 $X+Y\sim\chi^2(n+m)$.

上述结果对 n 个相互独立的随机变量也成立.

②若 $X\sim\chi^2(n)$，则 $EX=n$，$DX=2n$.

3. t 分布

（1）概念.

设随机变量 $X\sim N(0,1)$，$Y\sim\chi^2(n)$，X 与 Y 相互独立，则随机变量 $t=\dfrac{X}{\sqrt{Y/n}}$ 服从自由度为 n 的 t 分布，记为 $t\sim t(n)$.

（2）上 α 分位数.

对给定的 $\alpha(0<\alpha<1)$，称满足

$$P\{t>t_\alpha(n)\}=\alpha$$

的 $t_\alpha(n)$ 为 $t(n)$ 分布的上 α 分位数（见图 8-3）.

（3）性质.

① t 分布概率密度 $f(x)$ 的图形关于 $x=0$ 对称（见图 8-4），因此

$$Et=0(n\geqslant 2).$$

②由 t 分布概率密度 $f(x)$ 图形的对称性，知 $P\{t>-t_\alpha(n)\}=P\{t>t_{1-\alpha}(n)\}$，故 $t_{1-\alpha}(n)=-t_\alpha(n)$.当 α 值在表中没有时，可用此式求得上 α 分位数.

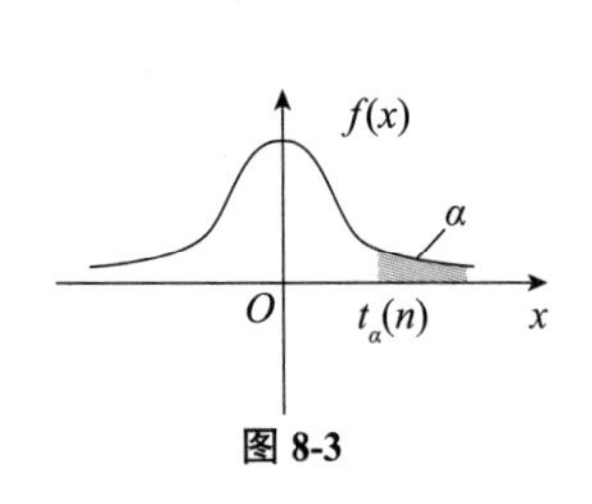

图 8-3

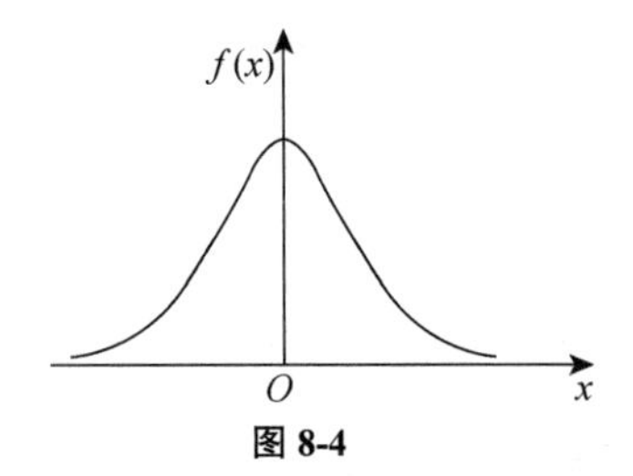

图 8-4

4. F 分布

（1）概念.

设随机变量 $X\sim\chi^2(n_1)$，$Y\sim\chi^2(n_2)$，且 X 与 Y 相互独立，则 $F=\dfrac{X/n_1}{Y/n_2}$ 服从自由度为 (n_1,n_2) 的 F 分布，记为 $F\sim F(n_1,n_2)$，其中 n_1 称为第一自由度，n_2 称为第二自由度.F 分布的概率密度 $f(x)$ 的图形如图 8-5 所示.

（2）上 α 分位数．

对给定的 $\alpha(0<\alpha<1)$，称满足

$$P\{F>F_{\alpha}(n_1,n_2)\}=\alpha$$

的 $F_{\alpha}(n_1,n_2)$ 为 $F(n_1,n_2)$ 分布的上 α 分位数（见图 8-6）．

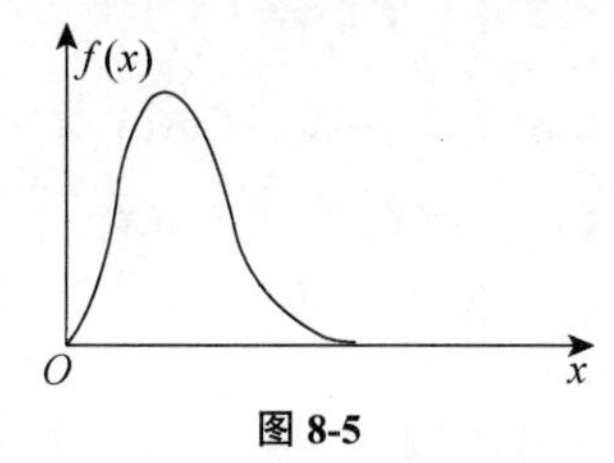

图 8-5

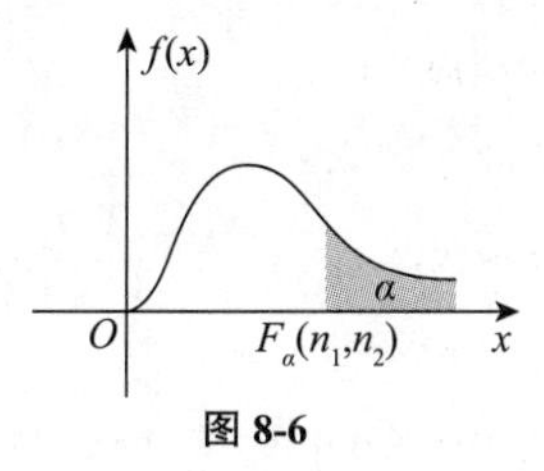

图 8-6

（3）性质．

①若 $F\sim F(n_1,n_2)$，则 $\dfrac{1}{F}\sim F(n_2,n_1)$．

② $F_{1-\alpha}(n_1,n_2)=\dfrac{1}{F_{\alpha}(n_2,n_1)}$．常用来求 F 分布表中未列出的上 α 分位数．

③若 $t\sim t(n)$，则 $t^2\sim F(1,n)$．

三 正态总体下的常用结论

设 $X_1,X_2,\cdots,X_n$ 是取自正态总体 $N(\mu,\sigma^2)$ 的一个样本，$\bar{X}$，S^2 分别是样本均值和样本方差，则

① $\bar{X}\sim N\left(\mu,\dfrac{\sigma^2}{n}\right)$，即 $\dfrac{\bar{X}-\mu}{\dfrac{\sigma}{\sqrt{n}}}=\dfrac{\sqrt{n}(\bar{X}-\mu)}{\sigma}\sim N(0,1)$；

② $\dfrac{1}{\sigma^2}\sum\limits_{i=1}^{n}(X_i-\mu)^2\sim\chi^2(n)$；

③ $\dfrac{(n-1)S^2}{\sigma^2}=\sum\limits_{i=1}^{n}\left(\dfrac{X_i-\bar{X}}{\sigma}\right)^2\sim\chi^2(n-1)$（$\mu$ 未知，在“②”中用 $\bar{X}$ 替代 μ）；

若 $t\sim t(n-1)$，则 $t^2\sim F(1,n-1)$

④ $\bar{X}$ 与 S^2 相互独立，$\dfrac{\sqrt{n}(\bar{X}-\mu)}{S}\sim t(n-1)$（$\sigma$ 未知，在“①”中用 S 替代 σ）．进一步有

$$\frac{n(\bar{X}-\mu)^2}{S^2}\sim F(1,n-1)\text{．}$$

例 8.1 设 $X_1,X_2,\cdots,X_n(n>2)$ 为独立同分布的随机变量，且均服从正态分布 $N(0,1)$，记 $\bar{X}=\dfrac{1}{n}\sum\limits_{i=1}^{n}X_i,Y_i=X_i-\bar{X},i=1,2,\cdots,n$．求：

（1）Y_i 的方差 DY_i，$i=1,2,\cdots,n$；

（2）Y_1 与 Y_n 的协方差 $\mathrm{Cov}(Y_1,Y_n)$；

（3）$P\{Y_1+Y_n\leqslant 0\}$．

【解】（1）$DY_i=D(X_i-\bar{X})$

$$=DX_i+D\bar{X}-2\mathrm{Cov}\left(X_i,\frac{1}{n}(X_1+X_2+\cdots+X_n)\right)$$

$$=1+\frac{1}{n}-2\cdot\frac{1}{n}$$

$$=1-\frac{1}{n}.$$

$$=\frac{1}{n}[\mathrm{Cov}(X_i,X_1)+\mathrm{Cov}(X_i,X_2)+\cdots+\mathrm{Cov}(X_i,X_n)]$$

$$=\frac{1}{n}\mathrm{Cov}(X_i,X_i)=\frac{1}{n}$$

（2）
$$\mathrm{Cov}(Y_1,Y_n)=\mathrm{Cov}(X_1-\bar{X},X_n-\bar{X})=\mathrm{Cov}(X_1,X_n-\bar{X})-\mathrm{Cov}(\bar{X},X_n-\bar{X})$$
$$=\mathrm{Cov}(X_1,X_n)-\mathrm{Cov}(X_1,\bar{X})-\mathrm{Cov}(\bar{X},X_n)+\mathrm{Cov}(\bar{X},\bar{X}),$$

其中，
$$\mathrm{Cov}(X_1,X_n)=0,$$

$$\mathrm{Cov}(X_i,\bar{X})=\mathrm{Cov}\left(X_i,\frac{X_i}{n}\right)+\mathrm{Cov}\left(X_i,\frac{1}{n}\sum_{j\neq i}^{n}X_j\right)=\frac{1}{n}DX_i=\frac{1}{n},\quad i=1,2,\cdots,n,$$

$$\mathrm{Cov}(\bar{X},\bar{X})=D\bar{X}=\frac{1}{n}.$$

故 $\mathrm{Cov}(Y_1,Y_n)=0-\frac{1}{n}-\frac{1}{n}+\frac{1}{n}=-\frac{1}{n}$.

（3）由 $Y_1+Y_n=X_1-\bar{X}+X_n-\bar{X}=\frac{n-2}{n}X_1+\frac{n-2}{n}X_n-\frac{2}{n}\sum_{i=2}^{n-1}X_i$ 知，Y_1+Y_n 为相互独立的正态随机变量的线性组合，且由 $E(Y_1+Y_n)=0$，有 $P\{Y_1+Y_n\leqslant 0\}=\frac{1}{2}$.

例 8.2 设随机变量 $X\sim t(n)$，$Y\sim F(1,n)$，给定 $\alpha(0<\alpha<0.5)$，常数 c 满足 $P\{X>c\}=\alpha$，则 $P\{Y>c^2\}=$（　　）.

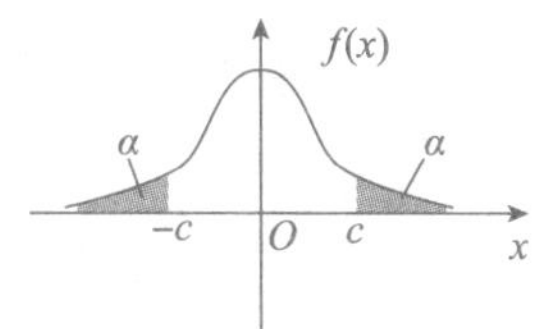

（A）α　　（B）$1-\alpha$

（C）2α　　（D）$1-2\alpha$

【解】应选（C）.

由 $X\sim t(n)$，可得 $X^2\sim F(1,n)$，从而 $P\{Y>c^2\}=P\{X^2>c^2\}=P\{X>c\}+P\{x<-c\}=2\alpha$，故正确选项为（C）.

> 【注】此题只能有概率 $P\{Y>c^2\}$ 与 $P\{X^2>c^2\}$ 相等，而不能说 $Y=X^2$，因为服从相同分布的随机变量并不一定相同.

例 8.3 设 $X_1,X_2,\cdots,X_{10}$ 是来自正态总体 $X\sim N(0,\sigma^2)$ 的简单随机样本，$Y^2=\frac{1}{9}\sum_{i=2}^{10}X_i^2$，则（　　）.

（A）$X_1^2\sim\chi^2(1)$　　（B）$Y^2\sim\chi^2(9)$　　（C）$\frac{X_1}{Y}\sim t(9)$　　（D）$\frac{X_1^2}{Y^2}\sim F(9,1)$

【解】应选（C）.

$\frac{X_1}{\sigma}\sim N(0,1)\Rightarrow\frac{X_1^2}{\sigma^2}\sim\chi^2(1)$　　$\frac{9Y^2}{\sigma^2}\sim\chi^2(9)$

由于总体服从正态分布 $N(0,\sigma^2)$，由 χ^2 分布的定义知选项（A），（B）不成立. 又选项（D）中 F 分布自由度为 $(9,1)$ 与 $\frac{X_1^2}{Y^2}$ 自由度不相符，所以正确选项为（C）.

$$\frac{\left(\frac{X_1}{\sigma}\right)^2}{\frac{9Y^2}{\sigma^2}/9}\sim F(1,9)$$

事实上，由题设知，$\frac{X_i}{\sigma}\sim N(0,1)$，$i=1,2,\cdots,10$，且相互独立，所以

$$\frac{X_1^2}{\sigma^2}\sim\chi^2(1),\quad\sum_{i=2}^{10}\left(\frac{X_i}{\sigma}\right)^2=\frac{9Y^2}{\sigma^2}\sim\chi^2(9).$$

又 X_1 与 Y^2 相互独立，故 $\dfrac{X_1/\sigma}{\sqrt{\dfrac{9Y^2}{\sigma^2}\Big/9}}=\dfrac{X_1}{Y}\sim t(9)$，选择（C）.

例 8.4 设总体 X 和 Y 相互独立，且都服从正态分布 $N(0,\sigma^2)$，$X_1,X_2,\cdots,X_n$ 和 $Y_1,Y_2,\cdots,Y_n$ 分别是来自总体 X 和 Y 且容量都为 n 的两个简单随机样本，样本均值、样本方差分别为 $\overline{X}$，S_X^2 和 $\overline{Y}$，S_Y^2，则（　　）.

（A）$\overline{X}-\overline{Y}\sim N(0,\sigma^2)$　　（B）$S_X^2+S_Y^2\sim\chi^2(2n-2)$

（C）$\dfrac{\overline{X}-\overline{Y}}{\sqrt{S_X^2+S_Y^2}}\sim t(2n-2)$　　（D）$\dfrac{S_X^2}{S_Y^2}\sim F(n-1,n-1)$

【解】应选（D）.

由题设知 $\overline{X}$，$\overline{Y}$，S_X^2，S_Y^2 相互独立，且

$$\overline{X}\sim N\left(0,\frac{\sigma^2}{n}\right),\quad \overline{Y}\sim N\left(0,\frac{\sigma^2}{n}\right),$$

$$\frac{(n-1)S_X^2}{\sigma^2}\sim\chi^2(n-1),\quad \frac{(n-1)S_Y^2}{\sigma^2}\sim\chi^2(n-1),$$

由此可知 $\overline{X}-\overline{Y}\sim N\left(0,\dfrac{2\sigma^2}{n}\right)$，选项（A）不正确.

$$\frac{n-1}{\sigma^2}(S_X^2+S_Y^2)\sim\chi^2(2n-2),$$

选项（B）不正确.

$$\frac{\sqrt{n}(\overline{X}-\overline{Y})/\sqrt{2}\sigma}{\sqrt{\dfrac{n-1}{\sigma^2}(S_X^2+S_Y^2)\Big/2(n-1)}}=\frac{\sqrt{n}(\overline{X}-\overline{Y})}{\sqrt{S_X^2+S_Y^2}}\sim t(2n-2),$$

选项（C）不正确.

$$\frac{\dfrac{(n-1)S_X^2}{\sigma^2}\Big/(n-1)}{\dfrac{(n-1)S_Y^2}{\sigma^2}\Big/(n-1)}=\frac{S_X^2}{S_Y^2}\sim F(n-1,n-1),$$

选择（D）.

第9讲 参数估计与假设检验

知识结构

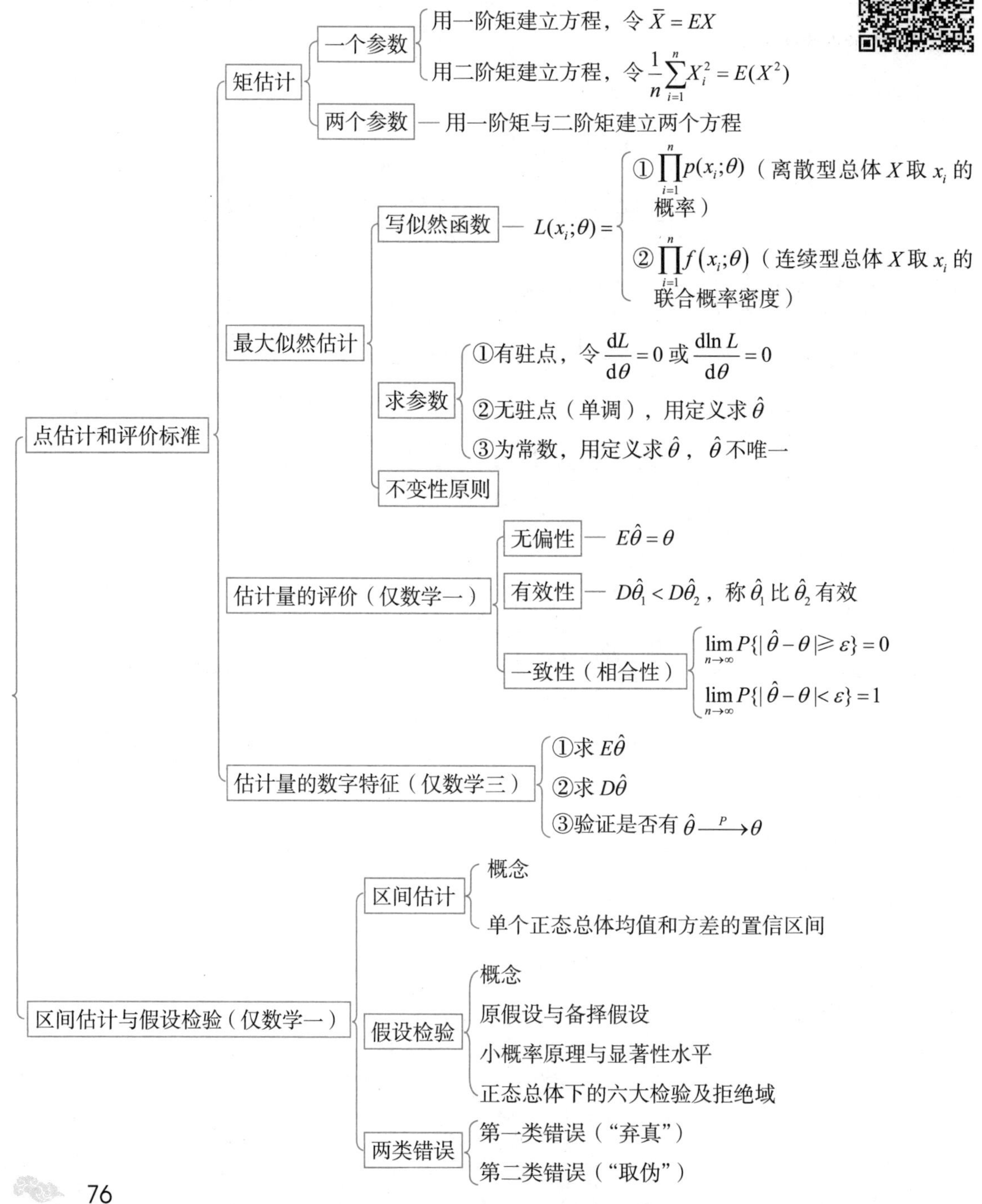

一 点估计和评价标准

设总体 X 的分布函数为 $F(x;\theta)$（可以是多维的），其中 θ 是一个未知参数，X_1，X_2，…，X_n 是取自总体 X 的一个样本．由样本构造一个适当的统计量 $\hat{\theta}(X_1,X_2,\cdots,X_n)$ 作为参数 θ 的估计，则称统计量 $\hat{\theta}(X_1,X_2,\cdots,X_n)$ 为 θ 的**估计量**．

如果 $x_1,x_2,\cdots,x_n$ 是样本的一个观察值，将其代入估计量 $\hat{\theta}$ 中得值 $\hat{\theta}(x_1,x_2,\cdots,x_n)$，统计学中称这个值为未知参数 θ 的**估计值**．

建立一个适当的统计量作为未知参数 θ 的估计量，并以相应的观察值作为未知参数估计值的问题，称为参数 θ 的**点估计问题**．

1. 矩估计

（1）对于一个参数 $\begin{cases} \text{①用一阶矩建立方程：令 } \overline{X}=EX, \\ \text{②若“①”不能用，用二阶矩建立方程：令 } \dfrac{1}{n}\sum\limits_{i=1}^{n}X_i^2=E(X^2). \end{cases}$

一个方程解出一个参数即可作为矩估计．

（2）对于两个参数，用一阶矩与二阶矩建立两个方程，即① $\overline{X}=EX$ 与② $\dfrac{1}{n}\sum\limits_{i=1}^{n}X_i^2=E(X^2)$，两个方程解出两个参数即可作为矩估计．

例 9.1 设总体 X 的概率密度为

$$f(x;a)=\begin{cases} \dfrac{4x^2}{a^3\sqrt{\pi}}\mathrm{e}^{-\frac{x^2}{a^2}}, & x>0, \\ 0, & x\leqslant 0 \end{cases} (a>0),$$

$x_1,x_2,\cdots,x_n$ 是从 X 取出的样本观测值，则总体参数 a 的矩估计值为________.

【解】应填 $\dfrac{\sqrt{\pi}}{2}\overline{x}$．

由例 6.4 知，总体 X 的数学期望 $EX=\dfrac{2a}{\sqrt{\pi}}$，令 $\overline{x}=EX$，即 $\dfrac{2a}{\sqrt{\pi}}=\overline{x}$，则 a 的矩估计值为 $\hat{a}=\dfrac{\sqrt{\pi}}{2}\overline{x}$．

例 9.2 设总体 X 的概率密度为 $f(x)=\dfrac{1}{2\theta}\mathrm{e}^{-\frac{|x|}{\theta}}$，$-\infty<x<+\infty$，$\theta>0$. $X_1,X_2,\cdots,X_n$ 是取自总体 X 的样本．则未知参数 θ 的矩估计量为________.

【解】应填 $\sqrt{\dfrac{1}{2n}\sum\limits_{i=1}^{n}X_i^2}$．

总体只含有一个参数 θ，但由于一阶矩建立的方程

$$EX=\int_{-\infty}^{+\infty}x\cdot\frac{1}{2\theta}\mathrm{e}^{-\frac{|x|}{\theta}}\mathrm{d}x=0$$

无法解出 θ，因此采用总体二阶矩建立方程：

$$E(X^2)=\int_{-\infty}^{+\infty}x^2\cdot\frac{1}{2\theta}\mathrm{e}^{-\frac{|x|}{\theta}}\mathrm{d}x=2\cdot\frac{1}{2\theta}\int_0^{+\infty}x^2\cdot\mathrm{e}^{-\frac{x}{\theta}}\mathrm{d}x$$

$$=\theta^2\int_0^{+\infty}\frac{x^2}{\theta^2}\mathrm{e}^{-\frac{x}{\theta}}\mathrm{d}\left(\frac{x}{\theta}\right)\xlongequal{t=\frac{x}{\theta}}\theta^2\int_0^{+\infty}t^2\mathrm{e}^{-t}\mathrm{d}t=\theta^2\Gamma(3)=2\theta^2,$$

其中$\Gamma(n+1)=\int_0^{+\infty}x^n e^{-x}dx=n!$. 用样本二阶原点矩$A_2=\frac{1}{n}\sum_{i=1}^{n}X_i^2$代替总体二阶原点矩$E(X^2)$得到$\theta$的矩估计量为

$$\hat{\theta}=\sqrt{\frac{1}{2}A_2}=\sqrt{\frac{1}{2n}\sum_{i=1}^{n}X_i^2}.$$

例 9.3 设总体X服从含有两个参数的指数分布，其概率密度为

$$f(x;\theta,\lambda)=\begin{cases}\frac{1}{\lambda}e^{-\frac{1}{\lambda}(x-\theta)}, & x\geqslant\theta,\\ 0, & \text{其他}\end{cases}(\lambda>0),$$

$X_1, X_2, \cdots, X_n$是来自总体X的一个样本，求未知参数λ，θ的矩估计量.

【解】这是求两个未知参数矩估计量的问题. 由于

$$EX=\int_\theta^{+\infty}\frac{x}{\lambda}e^{-\frac{1}{\lambda}(x-\theta)}dx\xlongequal{\text{令}x-\theta=t}\int_0^{+\infty}\frac{t+\theta}{\lambda}e^{-\frac{1}{\lambda}t}dt\xrightarrow[\text{(简单解法)}]{\text{记}T\sim E\left(\frac{1}{\lambda}\right)}=E(T+\theta)=ET+\theta=\lambda+\theta$$

$$=\int_0^{+\infty}t\cdot\frac{1}{\lambda}e^{-\frac{1}{\lambda}t}dt+\theta\int_0^{+\infty}\frac{1}{\lambda}e^{-\frac{1}{\lambda}t}dt=\lambda+\theta,$$

$$E(X^2)=\int_\theta^{+\infty}\frac{x^2}{\lambda}e^{-\frac{1}{\lambda}(x-\theta)}dx\xlongequal{\text{令}x-\theta=t}\int_0^{+\infty}\frac{(t+\theta)^2}{\lambda}e^{-\frac{1}{\lambda}t}dt\xrightarrow[\text{(简单解法)}]{\text{记}T\sim E\left(\frac{1}{\lambda}\right)}=E[(T+\theta)^2]=E(T^2)+2\theta ET+\theta^2=2\lambda^2+2\theta\lambda+\theta^2$$

$$=\int_0^{+\infty}t^2\cdot\frac{1}{\lambda}e^{-\frac{1}{\lambda}t}dt+2\int_0^{+\infty}\theta\cdot t\frac{1}{\lambda}e^{-\frac{1}{\lambda}t}dt+\theta^2\int_0^{+\infty}\frac{1}{\lambda}e^{-\frac{1}{\lambda}t}dt$$

$$=2\lambda^2+2\theta\lambda+\theta^2=\lambda^2+(\lambda+\theta)^2.$$

矩法方程为

$$\begin{cases}EX=\overline{X},\\ E(X^2)=\frac{1}{n}\sum_{i=1}^{n}X_i^2,\end{cases}\text{即}\begin{cases}\lambda+\theta=\overline{X},\\ \lambda^2+(\lambda+\theta)^2=\frac{1}{n}\sum_{i=1}^{n}X_i^2.\end{cases}$$

由此解得λ，θ的矩估计量为

$$\hat{\lambda}=\sqrt{\frac{1}{n}\sum_{i=1}^{n}X_i^2-\overline{X}^2},\quad \hat{\theta}=\overline{X}-\sqrt{\frac{1}{n}\sum_{i=1}^{n}X_i^2-\overline{X}^2}.$$

【注】计算EX，$E(X^2)$时应用了指数分布的结论，即

$$\int_0^{+\infty}\lambda e^{-\lambda x}dx=1,\quad \int_0^{+\infty}x\lambda e^{-\lambda x}dx=\frac{1}{\lambda},\quad \int_0^{+\infty}x^2\lambda e^{-\lambda x}dx=\frac{2}{\lambda^2}.$$

2. 最大似然估计

对未知参数θ进行估计时，在该参数可能的取值范围I内选取，使“样本获此观测值$x_1,x_2,\cdots,x_n$”的概率最大的参数值$\hat{\theta}$作为θ的估计，这样选定的$\hat{\theta}$最有利于$x_1,x_2,\cdots,x_n$的出现，即“参数$\theta=$？时，观测值出现的概率最大”.

（1）写似然函数$L(x_1,x_2,\cdots,x_n;\theta)=\begin{cases}\prod_{i=1}^{n}p(x_i;\theta)\text{（这是离散型总体}X\text{取}x_1,x_2,\cdots,x_n\text{的概率），}\\ \prod_{i=1}^{n}f(x_i;\theta)\text{（这是连续型总体}X\text{取}x_1,x_2,\cdots,x_n\text{的联合概率密度）.}\end{cases}$

独立：拆$\Rightarrow f=f_1f_2\cdots f_n; p=p_1p_2\cdots p_n$，

同分布：去下标$\Rightarrow f=\prod_{i=1}^{n}f(x_i;\theta); p=\prod_{i=1}^{n}p(x_i;\theta)$

（2）求参数 $\begin{cases} 若似然函数有驻点，则令\dfrac{\mathrm{d}L}{\mathrm{d}\theta}=0或\dfrac{\mathrm{d}\ln L}{\mathrm{d}\theta}=0，解出\hat{\theta}, \\ 若似然函数无驻点(单调)，则用定义求\hat{\theta}, \\ 若似然函数为常数，则用定义求\hat{\theta}，此时\hat{\theta}不唯一. \end{cases}$

（3）最大似然估计量的不变性原则.

设 $\hat{\theta}$ 是总体分布中未知参数 θ 的最大似然估计，函数 $u=u(\theta)$ 具有单值的反函数 $\theta=\theta(u)$，则 $\hat{u}=u(\hat{\theta})$ 是 $u(\theta)$ 的最大似然估计.

例 9.4　设总体 X 服从参数 λ（$\lambda>0$ 但未知）的泊松分布，$X_1,X_2,\cdots,X_n$ 是来自总体 X 的一个简单随机样本，则 $P\{X=0\}$ 的最大似然估计量为________.

【解】应填 $\mathrm{e}^{-\bar{X}}$.

设 $X_1,X_2,\cdots,X_n$ 对应的样本值为 $x_1,x_2,\cdots,x_n$，则似然函数为

$$L(\lambda)=P\{X=x_1\}P\{X=x_2\}\cdots P\{X=x_n\}$$

$$=\frac{\lambda^{x_1}}{x_1!}\mathrm{e}^{-\lambda}\cdot\frac{\lambda^{x_2}}{x_2!}\mathrm{e}^{-\lambda}\cdot\cdots\cdot\frac{\lambda^{x_n}}{x_n!}\mathrm{e}^{-\lambda}=\frac{\mathrm{e}^{-n\lambda}}{x_1!x_2!\cdots x_n!}\lambda^{\sum_{i=1}^{n}x_i},$$

即

$$\ln L(\lambda)=-n\lambda-\sum_{i=1}^{n}\ln(x_i!)+\left(\sum_{i=1}^{n}x_i\right)\ln\lambda.$$

令 $\dfrac{\mathrm{d}[\ln L(\lambda)]}{\mathrm{d}\lambda}=0$，即 $-n+\dfrac{\sum_{i=1}^{n}x_i}{\lambda}=0$，解得 $\lambda=\dfrac{1}{n}\sum_{i=1}^{n}x_i=\bar{x}$，即 λ 的最大似然估计量为 $\dfrac{1}{n}\sum_{i=1}^{n}X_i=\bar{X}$. 代入 $P\{X=0\}=\dfrac{\lambda^0}{0!}\mathrm{e}^{-\lambda}=\mathrm{e}^{-\lambda}$，由最大似然估计量的不变性原则，得 $P\{X=0\}$ 的最大似然估计量为 $\mathrm{e}^{-\bar{X}}$.

【注】常见分布的矩估计量和最大似然估计量.

X 服从的分布	矩估计量	最大似然估计量
0—1 分布	$\hat{p}=\bar{X}$	$\hat{p}=\bar{X}$
$B(n,p)$	$\hat{p}=\dfrac{\bar{X}}{n}$	$\hat{p}=\dfrac{\bar{X}}{n}$
$G(p)$	$\hat{p}=\dfrac{1}{\bar{X}}$	$\hat{p}=\dfrac{1}{\bar{X}}$
$P(\lambda)$	$\hat{\lambda}=\bar{X}$	$\hat{\lambda}=\bar{X}$
$U(a,b)$	$\hat{a}=\bar{X}-\sqrt{\dfrac{3}{n}\sum_{i=1}^{n}(X_i-\bar{X})^2}$ $\hat{b}=\bar{X}+\sqrt{\dfrac{3}{n}\sum_{i=1}^{n}(X_i-\bar{X})^2}$	$\hat{a}=\min\{X_1,X_2,\cdots,X_n\}$ $\hat{b}=\max\{X_1,X_2,\cdots,X_n\}$
$E(\lambda)$	$\hat{\lambda}=\dfrac{1}{\bar{X}}$	$\hat{\lambda}=\dfrac{1}{\bar{X}}$
$N(\mu,\sigma^2)$	$\hat{\mu}=\bar{X}$，$\hat{\sigma}^2=\dfrac{1}{n}\sum_{i=1}^{n}(X_i-\bar{X})^2$	$\hat{\mu}=\bar{X}$，$\hat{\sigma}^2=\dfrac{1}{n}\sum_{i=1}^{n}(X_i-\bar{X})^2$

例 9.5 设某种电器元件的寿命 X（单位：h）服从双指数分布，概率密度为

$$f(x)=\begin{cases}\dfrac{1}{\theta}\mathrm{e}^{-\frac{x-c}{\theta}}, & x\geqslant c,\theta>0,\\ 0, & \text{其他},\end{cases}$$

其中 θ，c 为未知参数，从中抽取 n 件测其寿命，得它们的有效使用时间依次为 $x_1\leqslant x_2\leqslant\cdots\leqslant x_n$．求 θ 与 c 的最大似然估计值．

【解】样本似然函数为

$$L(x_1,x_2,\cdots,x_n;\theta,c)=\begin{cases}\prod\limits_{i=1}^{n}\dfrac{1}{\theta}\mathrm{e}^{-\frac{x_i-c}{\theta}}, & x_1,x_2,\cdots,x_n\geqslant c,\\ 0, & \text{其他}\end{cases}$$

$$=\begin{cases}\dfrac{1}{\theta^n}\mathrm{e}^{-\frac{1}{\theta}\left(\sum\limits_{i=1}^{n}x_i-nc\right)}, & x_1,x_2,\cdots,x_n\geqslant c,\\ 0, & \text{其他},\end{cases}$$

取对数得

$$\ln L\left(x_1,x_2,\cdots,x_n;\theta,c\right)=-n\ln\theta-\frac{1}{\theta}\left(\sum_{i=1}^{n}x_i-nc\right),$$

有

$$\begin{cases}\dfrac{\partial\ln L}{\partial\theta}=-\dfrac{n}{\theta}+\dfrac{1}{\theta^2}\left(\sum\limits_{i=1}^{n}x_i-nc\right),\\ \dfrac{\partial\ln L}{\partial c}=\dfrac{n}{\theta},\end{cases}$$

令 $\dfrac{\partial\ln L}{\partial\theta}=0$ 得到 $\theta=\dfrac{1}{n}\left(\sum\limits_{i=1}^{n}x_i-nc\right)=\overline{x}-c$，其中 $\overline{x}=\dfrac{1}{n}\sum\limits_{i=1}^{n}x_i$．第二个方程中 $\dfrac{n}{\theta}$ 恒大于零，说明 $\ln L(x_1,x_2,\cdots,x_n;\theta,c)$ 是 c 的单调增函数，要使似然函数达到最大值，必须使 c 取到最大值，而 c 又必须满足 $c\leqslant x_i(i=1,2,\cdots,n)$，即 $c=\min\{x_1,x_2,\cdots,x_n\}=x_1$，故

$$\hat{c}=x_1=\min\{x_1,x_2,\cdots,x_n\}=x_{(1)},\quad \hat{\theta}=\overline{x}-c=\overline{x}-x_1=\overline{x}-x_{(1)}\ .$$

例 9.6 设总体 X 的概率密度

$$f(x;\theta)=\begin{cases}1, & \theta-\dfrac{1}{2}\leqslant x\leqslant\theta+\dfrac{1}{2},\\ 0, & \text{其他},\end{cases}$$

其中 $-\infty<\theta<+\infty$．$X_1,X_2,\cdots,X_n$ 为取自总体 X 的简单随机样本，并记

$$X_{(1)}=\min\{X_1,X_2,\cdots,X_n\},\quad X_{(n)}=\max\{X_1,X_2,\cdots,X_n\}.$$

求参数 θ 的最大似然估计量 $\hat{\theta}_L$．

【解】设 $x_1,x_2,\cdots,x_n$ 为简单随机样本的样本值，则似然函数为

$$L(\theta)=\prod_{i=1}^{n}f(x_i;\theta)=\begin{cases}1, & \theta-\dfrac{1}{2}\leqslant x_1,x_2,\cdots,x_n\leqslant\theta+\dfrac{1}{2},\\ 0, & \text{其他}\end{cases}$$

$$=\begin{cases}1, & \theta-\dfrac{1}{2}\leqslant\min\{x_1,x_2,\cdots,x_n\}\leqslant x_1,x_2,\cdots,x_n\leqslant\max\{x_1,x_2,\cdots,x_n\}\leqslant\theta+\dfrac{1}{2},\\ 0, & \text{其他},\end{cases}$$

由最大似然估计定义知，

$$\begin{cases}\hat{\theta}-\dfrac{1}{2}\leqslant X_{(1)},\\ \hat{\theta}+\dfrac{1}{2}\geqslant X_{(n)},\end{cases}$$

此处的 $\hat{\theta}_L$ 不具有唯一性

故满足 $X_{(n)}-\dfrac{1}{2}\leqslant\hat{\theta}_L\leqslant X_{(1)}+\dfrac{1}{2}$ 的统计量均为 θ 的最大似然估计量.

例 9.7 设总体 X 服从 $\left[0,\dfrac{1}{\theta}\right]$ 上的均匀分布，$\theta>0$ 为未知参数，$X_1,X_2,\cdots,X_n$ 为来自总体 X 的简单随机样本.求：

（1）θ 的最大似然估计量 $\hat{\theta}$；

（2）$\hat{\theta}$ 的分布函数；

（3）$P\{\theta<\hat{\theta}\leqslant\theta+1\}$.

【解】（1）由题意知，$X\sim f(x)=\begin{cases}\theta, & 0<x\leqslant\dfrac{1}{\theta},\\ 0, & 其他.\end{cases}$

设 $x_1,x_2,\cdots,x_n$ 为简单随机样本的样本值，则似然函数为

$$L(\theta)=\begin{cases}\theta^n, & 0<x_1,x_2,\cdots,x_n\leqslant\dfrac{1}{\theta},\\ 0, & 其他,\end{cases}$$

故 $L(\theta)$ 是 θ 的单调增加函数.

当 $\dfrac{1}{\theta}$ 最小时，$L(\theta)$ 最大，即 $\dfrac{1}{\theta}=\max\{x_1,x_2,\cdots,x_n\}=x_{(n)}$，故 $\hat{\theta}=\dfrac{1}{X_{(n)}}$.

（2）$\hat{\theta}$ 的分布函数为

$$F(y)=P\{\hat{\theta}\leqslant y\}=P\left\{\frac{1}{X_{(n)}}\leqslant y\right\}=P\left\{\frac{1}{\max\{X_1,X_2,\cdots,X_n\}}\leqslant y\right\}.$$

当 $y\leqslant 0$ 时，$F(y)=0$；

当 $y>0$ 时，

$$\begin{aligned}F(y)&=P\left\{\max\{X_1,X_2,\cdots,X_n\}\geqslant\frac{1}{y}\right\}\\&=1-P\left\{\max\{X_1,X_2,\cdots,X_n\}<\frac{1}{y}\right\}\\&=1-P\left\{X_1<\frac{1}{y},X_2<\frac{1}{y},\cdots,X_n<\frac{1}{y}\right\}\\&=1-P\left\{X_1<\frac{1}{y}\right\}P\left\{X_2<\frac{1}{y}\right\}\cdots P\left\{X_n<\frac{1}{y}\right\}\\&=1-\left(P\left\{X<\frac{1}{y}\right\}\right)^n,\end{aligned}$$

其中 $P\left\{X<\frac{1}{y}\right\}=\int_{-\infty}^{\frac{1}{y}}f(x)\mathrm{d}x=\begin{cases}\int_{0}^{\frac{1}{y}}\theta\mathrm{d}x, & \frac{1}{y}\leqslant\frac{1}{\theta},\\ 1, & \frac{1}{y}>\frac{1}{\theta}\end{cases}=\begin{cases}\frac{\theta}{y}, & y\geqslant\theta,\\ 1, & y<\theta.\end{cases}$

故

$$F(y)=\begin{cases}1-\left(\frac{\theta}{y}\right)^n, & y\geqslant\theta,\\ 0, & 0<y<\theta.\end{cases}$$

综上所述，$\hat{\theta}$ 的分布函数为 $F(y)=\begin{cases}1-\left(\frac{\theta}{y}\right)^n, & y\geqslant\theta,\\ 0, & y<\theta.\end{cases}$

（3）$P\{\theta<\hat{\theta}\leqslant\theta+1\}=P\{\hat{\theta}\leqslant\theta+1\}-P\{\hat{\theta}\leqslant\theta\}$

$$=F(\theta+1)-F(\theta)=1-\left(\frac{\theta}{\theta+1}\right)^n-0$$

$$=1-\left(\frac{\theta}{\theta+1}\right)^n.$$

3. 估计量的评价（仅数学一）

（1）无偏性.

对于估计量 $\hat{\theta}$，若 $E\hat{\theta}=\theta$，则称 $\hat{\theta}$ 为 θ 的无偏估计量.

（2）有效性.

若 $E\hat{\theta}_1=\theta$，$E\hat{\theta}_2=\theta$，即 $\hat{\theta}_1$，$\hat{\theta}_2$ 均是 θ 的无偏估计量，当 $D\hat{\theta}_1<D\hat{\theta}_2$ 时，称 $\hat{\theta}_1$ 比 $\hat{\theta}_2$ 有效.

（3）一致性（相合性）（只针对大样本 $n\to\infty$）.

一般用以下两种方法：
①切比雪夫不等式 $P\{|X-EX|\geqslant\varepsilon\}\leqslant\frac{DX}{\varepsilon^2}$
②辛钦大数定律（独立同分布、EX 存在）$\Rightarrow\overline{X}\xrightarrow{P}E\overline{X}$

若 $\hat{\theta}$ 为 θ 的估计量，对任意 $\varepsilon>0$，有

$$\lim_{n\to\infty}P\{|\hat{\theta}-\theta|\geqslant\varepsilon\}=0,$$

或

$$\lim_{n\to\infty}P\{|\hat{\theta}-\theta|<\varepsilon\}=1,$$

即当 $\hat{\theta}\xrightarrow{P}\theta$ 时，称 $\hat{\theta}$ 为 θ 的一致（或相合）估计.

【注】常用切比雪夫不等式、辛钦大数定律判一致性.

4. 估计量的数字特征（仅数学三）

（1）求 $E\hat{\theta}$.

（2）求 $D\hat{\theta}$.

（3）验证 $\hat{\theta}$ 是否依概率收敛到 θ，即是否有 $\hat{\theta}\xrightarrow{P}\theta$，即对任意 $\varepsilon>0$，有

$$\lim_{n\to\infty}P\{|\hat{\theta}-\theta|\geqslant\varepsilon\}=0\text{ 或 }\lim_{n\to\infty}P\{|\hat{\theta}-\theta|<\varepsilon\}=1.$$

例 9.8 设总体 X 服从 $[0,\theta]$ 上的均匀分布，θ 未知 $(\theta>0)$，X_1,X_2,X_3 是取自 X 的一个样本.

（1）（仅数学一）证明 $\hat{\theta}_1=\frac{4}{3}\max\limits_{1\leqslant i\leqslant 3}\{X_i\}$，$\hat{\theta}_2=4\min\limits_{1\leqslant i\leqslant 3}\{X_i\}$ 都是 θ 的无偏估计；

（仅数学三）设 $\hat{\theta}_1=k_1\max\limits_{1\leqslant i\leqslant 3}\{X_i\}$，$\hat{\theta}_2=k_2\min\limits_{1\leqslant i\leqslant 3}\{X_i\}$，若 $E\hat{\theta}_1=E\hat{\theta}_2=\theta$，求 k_1，k_2 的值.

（2）（仅数学一）上述两个估计中哪个较有效?

（仅数学三）比较（1）中的 $\hat{\theta}_1$，$\hat{\theta}_2$ 的方差大小.

（1）（仅数学一）【证】由例 5.6 和 6.5（1）可知，

$$E\left(\max_{1\leqslant i\leqslant 3}\{X_i\}\right)=\frac{3}{4}\theta,\quad E\left(\frac{4}{3}\max_{1\leqslant i\leqslant 3}\{X_i\}\right)=\theta,$$

$$E\left(\min_{1\leqslant i\leqslant 3}\{X_i\}\right)=\frac{1}{4}\theta,\quad E\left(4\min_{1\leqslant i\leqslant 3}\{X_i\}\right)=\theta,$$

故 $\hat{\theta}_1=\frac{4}{3}\max\limits_{1\leqslant i\leqslant 3}\{X_i\}$ 与 $\hat{\theta}_2=4\min\limits_{1\leqslant i\leqslant 3}\{X_i\}$ 都是 θ 的无偏估计.

（仅数学三）【解】由例 5.6 和 6.5（1）可知，

$$E\left(\max_{1\leqslant i\leqslant 3}\{X_i\}\right)=\frac{3}{4}\theta,\quad E\left(\min_{1\leqslant i\leqslant 3}\{X_i\}\right)=\frac{1}{4}\theta.$$

又
$$E\hat{\theta}_1=E\left(k_1\max_{1\leqslant i\leqslant 3}\{X_i\}\right)=k_1E\left(\max_{1\leqslant i\leqslant 3}\{X_i\}\right)=\frac{3}{4}k_1\theta=\theta,$$

得 $k_1=\frac{4}{3}$.

又
$$E\hat{\theta}_2=E\left(k_2\min_{1\leqslant i\leqslant 3}\{X_i\}\right)=k_2E\left(\min_{1\leqslant i\leqslant 3}\{X_i\}\right)=\frac{1}{4}k_2\theta=\theta,$$

得 $k_2=4$.

（2）【解】（仅数学一）由例 6.5（2）可知，

$$D\hat{\theta}_1=D\left(\frac{4}{3}\max_{1\leqslant i\leqslant 3}\{X_i\}\right)=\frac{1}{15}\theta^2,$$

$$D\hat{\theta}_2=D\left(4\min_{1\leqslant i\leqslant 3}\{X_i\}\right)=\frac{3}{5}\theta^2,$$

从而 $D\hat{\theta}_1<D\hat{\theta}_2$，即 $\hat{\theta}_1$ 比 $\hat{\theta}_2$ 更有效.

（仅数学三）由例 6.5（2）可知，

$$D\hat{\theta}_1=D\left(\frac{4}{3}\max_{1\leqslant i\leqslant 3}\{X_i\}\right)=\frac{1}{15}\theta^2,$$

$$D\hat{\theta}_2=D\left(4\min_{1\leqslant i\leqslant 3}\{X_i\}\right)=\frac{3}{5}\theta^2,$$

故 $D\hat{\theta}_1<D\hat{\theta}_2$.

例 9.9　设 $X_1,X_2,\cdots,X_n$ 是来自总体 X 的一个简单随机样本，$EX=\mu$，$DX=\sigma^2$.

（仅数学一）证明统计量 $Y=\frac{2}{n(n+1)}\sum\limits_{i=1}^{n}iX_i$ 是 μ 的无偏相合估计量.

（仅数学三）求统计量 $Y=\frac{2}{n(n+1)}\sum\limits_{i=1}^{n}iX_i$ 的数学期望，并证明 Y 依概率收敛到 μ.

【证】（仅数学一）由于

$$EY=\frac{2}{n(n+1)}\sum_{i=1}^{n}E(iX_i)=\frac{2}{n(n+1)}\sum_{i=1}^{n}iEX_i$$

$$=\frac{2}{n(n+1)}(\mu+2\mu+\cdots+n\mu)=\mu,$$

从而知，Y 是 μ 的无偏估计量 .

又因

$$DY=\left[\frac{2}{n(n+1)}\right]^2\sum_{i=1}^{n}i^2DX_i=\frac{4\sigma^2}{n^2(n+1)^2}(1^2+2^2+\cdots+n^2)$$

$$=\frac{4\sigma^2}{n^2(n+1)^2}\cdot\frac{1}{6}n(n+1)(2n+1)=\frac{2}{3}\cdot\frac{2n+1}{n(n+1)}\sigma^2,$$

于是由切比雪夫不等式，对任意实数 $\varepsilon>0$，有

$$1\geqslant P\{|Y-\mu|<\varepsilon\}\geqslant 1-\frac{DY}{\varepsilon^2}=1-\frac{2}{3}\cdot\frac{(2n+1)\sigma^2}{n(n+1)\varepsilon^2},$$

两边取极限，由 $\lim\limits_{n\to\infty}1=\lim\limits_{n\to\infty}\left[1-\frac{2}{3}\cdot\frac{(2n+1)\sigma^2}{n(n+1)\varepsilon^2}\right]=1$，有

$$\lim_{n\to\infty}P\{|Y-\mu|<\varepsilon\}=1,$$

所以 Y 是 μ 的无偏相合估计量 .

（仅数学三）

$$EY=\frac{2}{n(n+1)}\sum_{i=1}^{n}E(iX_i)=\frac{2}{n(n+1)}\sum_{i=1}^{n}iEX_i$$

$$=\frac{2}{n(n+1)}(\mu+2\mu+\cdots+n\mu)=\mu,$$

$$DY=\left[\frac{2}{n(n+1)}\right]^2\sum_{i=1}^{n}i^2DX_i=\frac{4\sigma^2}{n^2(n+1)^2}(1^2+2^2+\cdots+n^2)$$

$$=\frac{4\sigma^2}{n^2(n+1)^2}\cdot\frac{1}{6}n(n+1)(2n+1)=\frac{2}{3}\cdot\frac{2n+1}{n(n+1)}\sigma^2,$$

于是由切比雪夫不等式，对任意实数 $\varepsilon>0$，有

$$1\geqslant P\{|Y-\mu|<\varepsilon\}\geqslant 1-\frac{DY}{\varepsilon^2}=1-\frac{2}{3}\cdot\frac{(2n+1)\sigma^2}{n(n+1)\varepsilon^2},$$

两边取极限，由 $\lim\limits_{n\to\infty}1=\lim\limits_{n\to\infty}\left[1-\frac{2}{3}\cdot\frac{(2n+1)\sigma^2}{n(n+1)\varepsilon^2}\right]=1$，有

$$\lim_{n\to\infty}P\{|Y-\mu|<\varepsilon\}=1,$$

所以 Y 依概率收敛到 μ .

二 区间估计与假设检验（仅数学一）

1. 区间估计

（1）概念 .

设 θ 是总体 X 的分布函数的一个未知参数，对于给定 $\alpha(0<\alpha<1)$，如果由样本 $X_1,X_2,\cdots,X_n$ 确定的

两个统计量 $\hat{\theta}_1=\hat{\theta}_1(X_1,X_2,\cdots,X_n)$，$\hat{\theta}_2=\hat{\theta}_2(X_1,X_2,\cdots,X_n)$，使

$$P\{\hat{\theta}_1(X_1,X_2,\cdots,X_n)<\theta<\hat{\theta}_2(X_1,X_2,\cdots,X_n)\}=1-\alpha,$$

则称随机区间 $(\hat{\theta}_1, \hat{\theta}_2)$ 是 θ 的置信度为 $1-\alpha$ 的**置信区间**，$\hat{\theta}_1$ 和 $\hat{\theta}_2$ 分别称为 θ 的置信度为 $1-\alpha$ 的双侧置信区间的**置信下限**和**置信上限**，$1-\alpha$ 称为**置信度**或**置信水平**，α 称为显著性水平．如果 $P\{\theta<\hat{\theta}_1\}=P\{\theta>\hat{\theta}_2\}=\dfrac{\alpha}{2}$，则称这种置信区间为等尾置信区间．

考前记一记，喝前摇一摇，即可．

（2）单个正态总体均值和方差的置信区间．

设 $X\sim N(\mu,\sigma^2)$，从总体 X 中抽取样本 $X_1,X_2,\cdots,X_n$，样本均值为 $\overline{X}$，样本方差为 S^2．

① σ^2 已知，μ 的置信水平是 $1-\alpha$ 的置信区间为

$$\left(\overline{X}-\frac{\sigma}{\sqrt{n}}z_{\frac{\alpha}{2}},\ \overline{X}+\frac{\sigma}{\sqrt{n}}z_{\frac{\alpha}{2}}\right).$$

记为 I_1 → $P\{\mu\in I_1\}=1-\alpha$

② σ^2 未知，μ 的置信水平是 $1-\alpha$ 的置信区间为

$$\left(\overline{X}-\frac{S}{\sqrt{n}}t_{\frac{\alpha}{2}}(n-1),\overline{X}+\frac{S}{\sqrt{n}}t_{\frac{\alpha}{2}}(n-1)\right).$$

记为 I_2 → $P\{\mu\in I_2\}=1-\alpha$

③ μ 已知，σ^2 的置信水平是 $1-\alpha$ 的置信区间为

$$\left(\frac{\sum_{i=1}^{n}(X_i-\mu)^2}{\chi^2_{\frac{\alpha}{2}}(n)},\frac{\sum_{i=1}^{n}(X_i-\mu)^2}{\chi^2_{1-\frac{\alpha}{2}}(n)}\right).$$

记为 I_3 → $P\{\sigma^2\in I_3\}=1-\alpha$

此种情况一般不出现

④ μ 未知，σ^2 的置信水平是 $1-\alpha$ 的置信区间为

$$\left(\frac{(n-1)S^2}{\chi^2_{\frac{\alpha}{2}}(n-1)},\frac{(n-1)S^2}{\chi^2_{1-\frac{\alpha}{2}}(n-1)}\right).$$

记为 I_4 → $P\{\sigma^2\in I_4\}=1-\alpha$

例 9.10 设总体 X 服从正态分布 $N(\mu,\sigma^2)$，从总体中抽取容量为 36 的一个样本，样本均值 $\overline{x}=3.5$，样本方差 $s^2=4$．已知 $\sigma^2=1$，则 μ 置信度为 0.95 的置信区间为________．$(\varPhi(1.96)=0.975, t_{0.025}(35)=2.03, t_{0.05}(35)=1.69)$

【解】应填 (3.17,3.83).

当 σ^2 已知时，μ 置信度为 $1-\alpha$ 的置信区间为

$$\left(\overline{X}-\frac{\sigma}{\sqrt{n}}z_{\frac{\alpha}{2}},\overline{X}+\frac{\sigma}{\sqrt{n}}z_{\frac{\alpha}{2}}\right).$$

当 $1-\alpha=0.95$，$n=36$ 时，

$$\alpha=0.05,\quad \varPhi\left(z_{\frac{0.05}{2}}\right)=1-\frac{0.05}{2}=0.975,\quad z_{\frac{0.05}{2}}=1.96,\quad \overline{x}=3.5,$$

所求置信区间为

$$\left(3.5-\frac{1}{6}\times1.96,3.5+\frac{1}{6}\times1.96\right)=(3.17,3.83).$$

例 9.11 已知某机器生产出的零件长度 X（单位：cm）服从正态分布 $N(\mu,\sigma^2)$，现从中随意抽取容量为 16 的一个样本，测得样本均值 $\overline{x}=10$，样本方差 $s^2=0.16$，则总体均值 μ 置信水平为 0.95 的置

信区间为________. ($t_{0.025}(15)=2.132$)

【解】应填 (9.786 8,10.213 2).

在总体方差 σ^2 未知条件下，求均值 μ 的置信区间，即求置信水平为 $1-\alpha$ 的置信区间为

$$\left(\bar{X}-\frac{S}{\sqrt{n}}t_{\frac{\alpha}{2}}(n-1),\bar{X}+\frac{S}{\sqrt{n}}t_{\frac{\alpha}{2}}(n-1)\right).$$

由 $\bar{x}=10$，$s^2=0.16=0.4^2$，得

$$\left(10-\frac{2.132\times 0.4}{4},10+\frac{2.132\times 0.4}{4}\right)=(9.786\ 8,10.213\ 2).$$

例 9.12 设总体 X 服从正态分布 $N(\mu,\sigma^2)$，其中 σ^2 已知，n 是给定的样本容量，μ 为未知参数，则 μ 的等尾双侧置信区间长度 L 与置信度 $1-\alpha$ 的关系是（　　）.

（A）当 $1-\alpha$ 减小时，L 变小

（B）当 $1-\alpha$ 减小时，L 增大

（C）当 $1-\alpha$ 减小时，L 不变

（D）当 $1-\alpha$ 减小时，L 增减不定

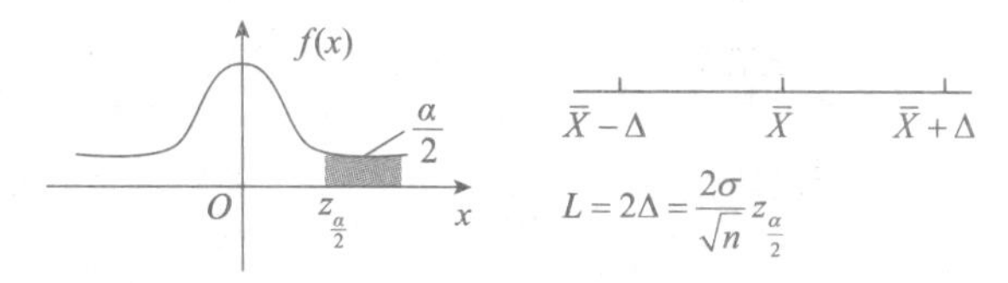

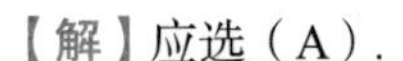

【解】应选（A）.

由均值 μ 的等尾双侧置信区间 $\left(\bar{X}-\frac{\sigma}{\sqrt{n}}z_{\frac{\alpha}{2}},\bar{X}+\frac{\sigma}{\sqrt{n}}z_{\frac{\alpha}{2}}\right)$ 来确定正确选项. 事实上，此时置信区间长度 $L=\frac{2\sigma}{\sqrt{n}}z_{\frac{\alpha}{2}}$，当 $1-\alpha$ 减小时，α 增大，$z_{\frac{\alpha}{2}}$ 减小，故 L 变小，所以选择（A）.

例 9.13 设总体 X 服从正态分布 $N(\mu,\sigma^2)$，其中 μ 和 σ^2 均为未知参数. 从总体 X 中抽取容量为 10 的样本，样本值如下：

86.0，85.5，85.4，85.5，85.6，85.9，85.7，85.8，85.7，85.9，

则标准差 σ 的置信水平为 0.98 的置信区间是________.（$\chi^2_{0.01}(9)=21.67$，$\chi^2_{0.01}(10)=23.21$，$\chi^2_{0.99}(9)=2.09$，$\chi^2_{0.99}(10)=2.56$）

【解】应填 (0.129,0.415).

由已知数据算得 $s^2=0.04$. 由于 $n=10$，$\alpha=1-0.98=0.02$，得

$$\chi^2_{\frac{\alpha}{2}}(n-1)=\chi^2_{0.01}(10-1)=21.67,\quad \chi^2_{1-\frac{\alpha}{2}}(n-1)=\chi^2_{0.99}(10-1)=2.09,$$

因此标准差 σ 的置信水平为 0.98 的置信区间是

$$\left(\sqrt{\frac{(n-1)s^2}{\chi^2_{\frac{\alpha}{2}}(n-1)}},\sqrt{\frac{(n-1)s^2}{\chi^2_{1-\frac{\alpha}{2}}(n-1)}}\right)=\left(\sqrt{\frac{(10-1)\times 0.04}{21.67}},\sqrt{\frac{(10-1)\times 0.04}{2.09}}\right)=(0.129,0.415).$$

2. 假设检验

（1）概念.

关于总体（分布中的未知参数，分布的类型、特征、相关性、独立性……）的每一种论断（“看法”）称为**统计假设**. 然后根据样本观察数据或试验结果所提供的信息去推断（检验）这个“看法”（即假设）是否成立，这类统计推断问题称为**假设检验**.

（2）原假设与备择假设.

常常把没有充分理由不能轻易否定的假设取为**原假设**（**基本假设**或**零假设**），记为 H_0，将其否定的陈述（假设）称为**对立假设**或**备择假设**，记为 H_1 .

（3）小概率原理与显著性水平.

①小概率原理.

对假设进行检验的**基本思想**是采用**某种带有概率性质**的**反证法**. 这种方法的依据是小概率原理——概率很接近于 0 的事件在一次试验或观察中认为备择假设不会发生. 若小概率事件发生了，则拒绝原假设.

②显著性水平 α .

小概率事件中的“小概率”的值没有统一规定，通常是根据实际问题的要求，规定一个界限 $\alpha(0<\alpha<1)$ ，当一个事件的概率不大于 α 时，即认为它是小概率事件. 在假设检验问题中， α 称为**显著性水平**，通常取 $\alpha=0.1$ ， 0.05 ， 0.01 等.

（4）正态总体下的六大检验及拒绝域. 考前记一记，喝前摇一摇，即可.

① σ^2 已知， μ 未知. $H_0:\mu=\mu_0$ ， $H_1:\mu\neq\mu_0$ ，则拒绝域为 $\left(-\infty,\mu_0-\dfrac{\sigma}{\sqrt{n}}z_{\frac{\alpha}{2}}\right]\cup\left[\mu_0+\dfrac{\sigma}{\sqrt{n}}z_{\frac{\alpha}{2}},+\infty\right)$.

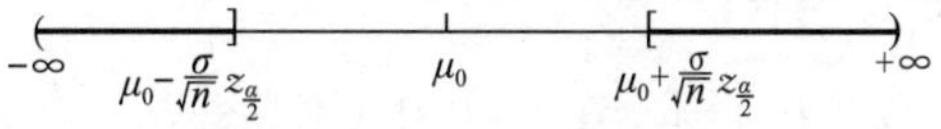

② σ^2 未知， μ 未知. $H_0:\mu=\mu_0$ ， $H_1:\mu\neq\mu_0$ ，则拒绝域为

$$\left(-\infty,\mu_0-\frac{S}{\sqrt{n}}t_{\frac{\alpha}{2}}(n-1)\right]\cup\left[\mu_0+\frac{S}{\sqrt{n}}t_{\frac{\alpha}{2}}(n-1),+\infty\right).$$

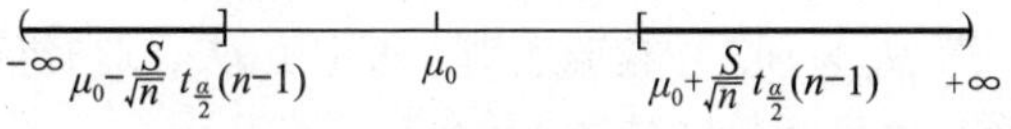

③ σ^2 已知， μ 未知. $H_0:\mu\leqslant\mu_0$ ， $H_1:\mu>\mu_0$ ，则拒绝域为 $\left[\mu_0+\dfrac{\sigma}{\sqrt{n}}z_\alpha,+\infty\right)$.

（或写 $\mu=\mu_0$ ）

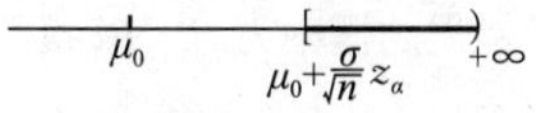

④ σ^2 已知， μ 未知. $H_0:\mu\geqslant\mu_0$ ， $H_1:\mu<\mu_0$ ，则拒绝域为 $\left(-\infty,\mu_0-\dfrac{\sigma}{\sqrt{n}}z_\alpha\right]$.

（或写 $\mu=\mu_0$ ）

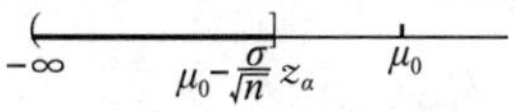

⑤ σ^2 未知， μ 未知. $H_0:\mu\leqslant\mu_0$ ， $H_1:\mu>\mu_0$ ，则拒绝域为 $\left[\mu_0+\dfrac{S}{\sqrt{n}}t_\alpha(n-1),+\infty\right)$.

（或写 $\mu=\mu_0$ ）

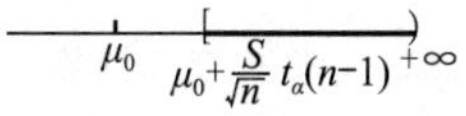

⑥ σ^2 未知， μ 未知. $H_0:\mu\geqslant\mu_0$ ， $H_1:\mu<\mu_0$ ，则拒绝域为 $\left(-\infty,\mu_0-\dfrac{S}{\sqrt{n}}t_\alpha(n-1)\right]$.

（或写 $\mu=\mu_0$ ）

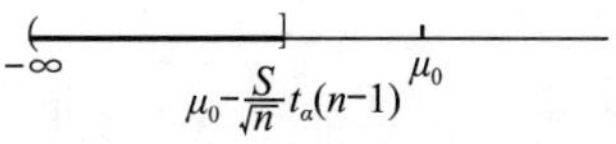

【注】拒绝域的“形式”与备择假设 H_1 的“形式”一致，便于记忆.

例9.14 设 $X_1,X_2,\cdots,X_{16}$ 是来自正态总体 $N(\mu,2^2)$ 的样本，样本均值为 $\bar{X}$ ，则在显著性水平 α=0.05 下检验假设 H_0:μ=5，H_1:$\mu\neq5$ 的拒绝域为________. $(\varPhi(1.96)=0.975,\varPhi(1.65)=0.95)$

【解】应填 $(-\infty,4.02]\cup[5.98,+\infty)$.

由“2.（4）①”可知，本题假设检验的拒绝域为

$$\left(-\infty,\ \mu_0-\frac{\sigma}{\sqrt{n}}z_{\frac{\alpha}{2}}\right]\cup\left[\mu_0+\frac{\sigma}{\sqrt{n}}z_{\frac{\alpha}{2}},+\infty\right),$$

其中 $\mu_0=5$，$\sigma=2$，$n=16$，$z_{\frac{\alpha}{2}}=z_{0.025}=1.96$，则拒绝域为

$$(-\infty,4.02]\cup[5.98,+\infty)\ .$$

例 9.15　对正态总体的数学期望 μ 进行假设检验，如果在显著性水平 $\alpha=0.05$ 下接受 $H_0:\mu=\mu_0$，$H_1:\mu>\mu_0$，那么在显著性水平 $\alpha=0.01$ 下（　　）.

（A）必接受 H_0　　（B）必拒绝 H_0，接受 H_1

（C）可能接受也可能拒绝 H_0　　（D）拒绝 H_0，可能接受也可能拒绝 H_1

【解】应选（A）.

如图 9-1 所示，拒绝域为 $[\mu_0+\Delta,+\infty)$，无论 $\Delta=\frac{\sigma}{\sqrt{n}}z_\alpha$，还是 $\Delta=\frac{S}{\sqrt{n}}t_\alpha(n-1)$，当 α 变小时，总有 z_α 变大，$t_\alpha(n-1)$ 变大，$\mu_0+\Delta$ 变大，拒绝域变小，所以在 $\alpha=0.05$ 下接受 H_0，那么在 $\alpha=0.01$ 下必接受 H_0，选择（A）.

α：保护 H_0

H_0 是在长期实践中的真理，一般不推翻.

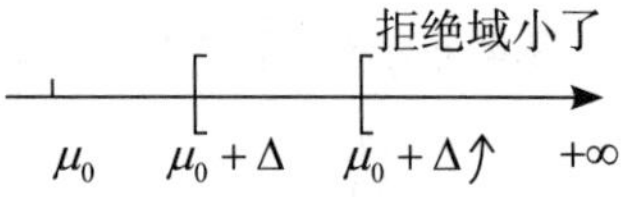

$$\Delta=\begin{cases}\frac{\sigma}{\sqrt{n}}z_\alpha(\sigma^2\text{已知})\\ \frac{S}{\sqrt{n}}t_\alpha(n-1)(\sigma^2\text{未知})\end{cases}$$

图 9-1

3. 两类错误

第一类错误（“弃真”）：若 H_0 为真，按检验法则，否定了 H_0，此时犯了“弃真”的错误，这种错误称为第一类错误，犯第一类错误的概率为 $\alpha=P\{\text{拒绝 }H_0\,|\,H_0\text{ 为真}\}$.

第二类错误（“取伪”）：若 H_0 不真，按检验法则，接受 H_0，此时犯了“取伪”的错误，这种错误称为第二类错误，犯第二类错误的概率为 $\beta=P\{\text{接受 }H_0\,|\,H_0\text{ 为假}\}$.

例 9.16　设 $X_1,X_2,\cdots,X_{16}$ 是来自总体 $N(\mu,4)$ 的简单随机样本，考虑假设检验问题：$H_0:\mu\leqslant10$，$H_1:\mu>10.\Phi(x)$ 表示标准正态分布函数. 若该检验问题的拒绝域为 $W=\{\bar{X}>11\}$，其中 $\bar{X}=\frac{1}{16}\sum_{i=1}^{16}X_i$，则 $\mu=11.5$ 时，该检验犯第二类错误的概率为（　　）.

（A）$1-\Phi(1)$　　（B）$1-\Phi(0.5)$　　（C）$1-\Phi(1.5)$　　（D）$1-\Phi(2)$

【解】应选（A）.

当 $\mu=11.5$ 时，该检验犯第二类错误的概率为

$P\{\text{接受 }H_0\,|\,H_0\text{ 为假}\}$

$$P\{\bar{X}\leqslant11\,|\,\mu=11.5\}.$$

当 $\mu=11.5$ 时，

$$\bar{X}\sim N\left(11.5,\frac{4}{16}\right),\ \text{即}\bar{X}\sim N\left(11.5,\frac{1}{4}\right),$$

从而

$$P\{\bar{X}\leqslant11\,|\,\mu=11.5\}=\Phi\left(\frac{11-11.5}{1/2}\right)=\Phi(-1)=1-\Phi(1)\ .$$

例 9.17　设总体 X 的概率密度为

$$f(x;\theta)=\begin{cases}\frac{\theta}{x^2}, & x\geqslant\theta,\\ 0, & x<\theta,\end{cases}$$

其中$\theta>0$为未知参数，$X_1,X_2,\cdots,X_n(n>1)$为来自总体X的简单随机样本，$X_{(1)}=\min\{X_1,X_2,\cdots,X_n\}$.

（1）求θ的最大似然估计量$\hat{\theta}$，并求常数a，使得$a\hat{\theta}$为θ的无偏估计；

（2）对于原假设$H_0:\theta=2$与备择假设$H_1:\theta>2$，若H_0的拒绝域为$W=\{X_{(1)}\geqslant 3\}$，求犯第一类错误的概率α .

【解】（1）设$x_1,x_2,\cdots,x_n$为简单随机样本的样本值，则似然函数为

$$L(\theta)=\begin{cases}\dfrac{\theta^n}{\prod\limits_{i=1}^{n}x_i^2}, & x_1,x_2,\cdots,x_n\geqslant\theta,\\ 0, & \text{其他},\end{cases}$$

取对数$\ln L(\theta)=n\ln\theta-2\sum\limits_{i=1}^{n}\ln x_i$，由于$\dfrac{\mathrm{d}[\ln L(\theta)]}{\mathrm{d}\theta}=\dfrac{n}{\theta}>0$，故$\ln L(\theta)$是$\theta$的单调递增函数，于是$\theta$的最大似然估计量为

$$\hat{\theta}=X_{(1)}=\min\{X_1,X_2,\cdots,X_n\},$$

$EX_{(1)}=\int_{-\infty}^{+\infty}x\cdot n[1-F(x)]^{n-1}f(x)\mathrm{d}x$

且
$$E\hat{\theta}=EX_{(1)}=\int_{\theta}^{+\infty}x\cdot n\cdot\left(\frac{\theta}{x}\right)^{n-1}\cdot\frac{\theta}{x^2}\mathrm{d}x$$

$$=\int_{\theta}^{+\infty}n\cdot\frac{\theta^n}{x^n}\mathrm{d}x=n\cdot\theta^n\cdot\frac{1}{-n+1}x^{-n+1}\Big|_{\theta}^{+\infty}=\frac{n}{n-1}\theta .$$

若$E(a\hat{\theta})=\theta$，则$a\dfrac{n}{n-1}\theta=\theta$，所以$a=\dfrac{n-1}{n}$.

（2）$\alpha=P\{X_{(1)}\geqslant 3\mid\theta=2\}=\int_{3}^{+\infty}n\cdot\left(\dfrac{2}{x}\right)^{n-1}\cdot\dfrac{2}{x^2}\mathrm{d}x=\int_{3}^{+\infty}n\cdot\dfrac{2^n}{x^{n+1}}\mathrm{d}x=\left(\dfrac{2}{3}\right)^n$.

$P\{$拒绝$H_0\mid H_0$为真$\}$